"十三五"普通高等教育本科部委级规划教材

纺织服装材料实验教程

奚柏君 主 编

葛烨倩 韩 潇 沈 巍 副主编

中国纺织出版社

内 容 提 要

本书是培养纺织工程、服装设计与工程、服装与服饰设计等专业的实验教学课程之一，是与纺织材料学、服装材料学理论课程配套的实验教程。根据不同专业的人才培养目标及企事业单位对专业人才的要求，本书主要介绍了纺织、服装材料检测的基础知识以及纤维、纱线、织物三种形式纺织服装材料的结构、性能特点和检测方法。

本书可供纺织服装院校的相关专业师生阅读使用，也可作为纺织和服装生产、检验、贸易、销售、管理等相关人员的参考用书。

图书在版编目（CIP）数据

纺织服装材料实验教程/奚柏君主编. --北京：
中国纺织出版社，2019.1
"十三五"普通高等教育本科部委级规划教材
ISBN 978-7-5180-5456-5

I.①纺… Ⅱ.①奚… Ⅲ.①纺织纤维—高等学校—
教材②服装—材料—高等学校—教材 Ⅳ.①TS102
②TS941.15

中国版本图书馆 CIP 数据核字（2018）第 227675 号

策划编辑：范雨昕 孔会云 责任编辑：李泽华 责任校对：楼旭红
责任印制：何 建

中国纺织出版社出版发行
地址：北京市朝阳区百子湾东里 A407 号楼 邮政编码：100124
销售电话：010—67004422 传真：010—87155801
http://www.c-textilep.com
E-mail:faxing@c-textilep.com
中国纺织出版社天猫旗舰店
官方微博 http://weibo.com/2119887771
北京玺诚印务有限公司印刷 各地新华书店经销
2019 年 1 月第 1 版第 1 次印刷
开本：787×1092 1/16 印张：6.5
字数：133 千字 定价：48.00 元

前　言

《国家中长期教育改革和发展规划纲要》中提出"全面提高高等教育质量""提高人才培养质量"。近几年随着纺织工业的迅速发展，纺织服装材料日益丰富，品种不断增加，性能不断改善，纺织服装材料的测试技术也有了很大发展。本书为了适应应用型人才培养的需要，根据相应专业的人才培养目标和相关岗位对人才的要求，注重学生动手能力的培养，以满足当地企业对应用型人才的需求。

材料是纺织和服装的根本，纺织材料学和服装材料学是纺织工程、服装设计与工程、服装与服饰设计等相关专业教学中必不可少的基础课程，这些专业的学生不仅需要掌握纺织、服装材料的理论知识，还要了解材料的品种、结构、性能及其检测方法，同时使纺织和服装的生产、检验、贸易、销售、管理等相关人员更好地应用材料，为了与纺织材料学和服装材料学等理论课程相配套，在自编的《纺织材料学实验》和《服装材料学实验》的基础上，结合目前采用的仪器设备，特编写了《纺织服装材料实验教程》。

本书共分四个部分，第一部分介绍了纺织服装材料的概念、分类、检测及其标准，由奚柏君、葛烨倩、姚江微编写；第二部分介绍了纤维的鉴别及其结构、性能的测试方法与结果分析，由奚柏君、沈巍、韩潇、葛烨倩编写；第三部分介绍了纱线的结构、性能的测试方法与结果分析，由奚柏君、葛烨倩编写；第四部分介绍了织物的结构、性能的测试方法与结果分析，由楼利琴、韩潇、葛烨倩、沈巍编写。本书内容由奚柏君负责统稿，韩潇、葛烨倩制作部分插图。

由于纺织服装材料的测试技术发展迅速，编者水平有限，在编写过程中难免存在不妥之处，恳请读者批评指正。

编者

2018 年 5 月 18 日

目　　录

第一章　绪论

第一节　纺织服装材料的概念和分类

一、纺织服装材料的概念

纺织材料学是研究纺织纤维、纱线、织物及其半成品的结构、性能，结构与性能的关系及其与纺织加工工艺的关系等方面的知识、规律和技能的一门科学，根据产品的用途分为服装用、装饰用及产业用纺织品。

服装材料学是研究服装面料、辅料及其有关的纺织纤维、纱线、织物的结构、性能，结构与性能的关系以及服装衣料的分类、鉴别和保养等知识、规律和技能的一门科学。

纺织服装纤维材料是纺织服装工业所使用的纤维原料（纺织纤维）及其加工制造的半成品（条子、粗纱等）制品（纱线、织物包括机织物或机织物、针织物、编结物、毡品、非织造布等）的统称，简称纺织服装材料。

二、纺织材料的分类

（一）纺织纤维

纺织纤维是指直径在几微米到几十微米，长度与细度比在千倍以上，并且有一定强度和韧性的细长物体。根据来源可以分为天然纤维和化学纤维。

1. 天然纤维

自然界原有的或从经人工种植的植物中、人工饲养的动物中直接获得的纤维。包括植物纤维、动物纤维和矿物纤维。

（1）植物纤维：种子纤维：棉、木棉等；茎纤维：（韧皮纤维）、亚麻、苎麻、大麻、黄麻等；叶纤维：剑麻、蕉麻；果实纤维：椰子纤维。

（2）动物纤维：毛纤维：绵羊毛、山羊毛、骆驼毛、兔毛等；丝纤维：桑蚕丝、柞蚕丝、蓖麻蚕丝、木薯蚕丝等。

（3）矿物纤维：石棉。

2. 化学纤维

原料来自天然的或合成的高聚物以及无机物，经过人工加工制成的纤维。包括人造纤维或再生纤维，合成纤维和无机纤维。

（1）人造纤维或再生纤维：由天然聚合物或失去纺织加工价值的纤维原料，经人工溶解或熔融再抽丝制成的纤维。

再生纤维素纤维：黏胶纤维、铜氨纤维、醋酯纤维。

再生蛋白质纤维：酪素纤维（奶蛋白）、大豆纤维、花生纤维。

人造特种有机化合物：甲壳素纤维、海藻胶纤维。

人造无机纤维：玻璃纤维、金属纤维、碳纤维、岩石纤维等。

（2）合成纤维：由石油、煤、天然气以及一些农副产品等低分子物作为原料制成单体后经过化学聚合或缩聚成高聚物，然后再纺制成纤维。

聚对苯二甲酸乙二酯纤维（涤纶）、聚酰胺纤维（锦纶）、聚乙烯醇缩甲醛纤维（维纶）、聚丙烯腈纤维（腈纶）、聚氯乙烯纤维（氯纶）、聚丙烯纤维（丙纶）、聚氨酯弹力纤维（氨纶）等。

（二）纱线

纱线是指由纺织纤维加工后得到细而柔软，并且有一定力学性质的连续细长条。包括短纤维纱、长丝纱、复合纱。纱线的品质在很大程度上决定了织物和服装的表面性能。

1. 短纤维纱

由短纤维（天然短纤维或化学短纤维）纺纱加工而成。

（1）单纱：由短纤维集合起来依靠加捻的方法制成的连续纤维束称为单纱。

（2）股线：两根及以上单纱合并加捻而成。

（3）复捻股线：股线再合并加捻而成。

2. 长丝纱

由很长的连续纤维（天然蚕丝或化纤长丝）加工制成。

（1）普通长丝。

①单丝：指长度很长的连续单根纤维，如单孔喷丝头所形成的一根长丝。

②复丝：指两根或两根以上的单丝并合在一起，或由丝胶黏合在一起的丝束。

③捻丝：复丝经过加捻而成的丝束。

④复合捻丝：经过一次和多次合并加捻而成的丝束。

（2）变形丝。是指化纤丝经过变形加工使之具有卷曲、螺旋环圈等外观特征呈蓬松性、伸缩性的长丝纱。包括高弹变形丝、低弹变形丝、空气变形丝、网络丝等。

3. 复合纱

是指由短纤维和长丝制成的纱。

（1）包芯纱：以长丝或短纤维纱为纱芯，外包其他纤维一起加捻而纺成的纱。

（2）膨体纱：利用腈纶的热收缩制成的具有高度蓬松性的纱。

（3）花式捻线：利用特殊工艺制成，由芯线、饰线和固线捻合而成具有特殊外形和色彩的纱线。

（三）织物

织物是指由纤维或者纱线经过织造加工后得到的柔软且有一定力学性质和厚度的制品。织物分类包括机织物、针织物、非织造物和编结物等。

1. 机织物

由互相垂直的一组或多组经纱和一组或多组纬纱在织机上按一定规律纵横交织而成的制品，也称为机织物。

2. 针织物

由一组或多组纱线弯曲成圈，纵向串套、横向连接而成的制品。

3. 非织造物

由纤维层构成，也可再结合其他纺织品或非纺织品经机械或化学加工而制成的制品，也称为非织造布。

4. 编结物

由纱线通过多种方法，包括用结节互相连接或钩连而成的制品。如网、席、草帽等。

第二节　纺织服装材料检测概述

一、纺织服装材料检测目的

运用科学的检测技术和方法，对纺织材料产品进行质量评定。从纺织品的用途和使用条件对产品的成分、结构、性能等进行分析，与规定的标准（国际标准、国家标准、行业标准、企业标准等）进行比对，是否符合要求。在贸易经商、制定工艺、考核质量、科学研究、质量分析与控制中具有十分重要的意义，使行业更加有公平序化，使市场和产品更加规范化。

二、纺织服装材料检测的基础知识

（一）试验条件

一般情况下，纺织服装材料的性能随着测试环境的变化而变化，为了使纺织服装材料在不同时间、地点、环境条件下测得的结果具有可比性，需要将纺织服装材料放在统一标准大气条件下进行调湿和试验。

关于标准大气状态的规定，国际上是一致的，而允许的误差各国略有不同，我国颁布的规定如表 1-1 所示。

表 1-1　标准大气状态

级别	标准温度（℃）		标准相对湿度（%）
	A 类	B 类	
1	20±1	27±2	65±2
2	20±2	27±3	65±3
3	20±3	27±5	65±5

（二）试样准备

1. 调湿

纺织品在进行各种性能测试前，应在标准大气状态下放置一定时间，使其达到吸湿平衡，这样的处理过程称为调湿。调湿的时间，一般天然纤维及制品为 24h 以上，合成纤维及制品为 4h。调湿时不要间断，如果被迫间断，必须重新按规定调湿。

2. 预调湿

为了保证在调湿期间由吸湿状态达到平衡，对于含水率较高和回潮率影响较大的试样，需要进行预调湿。一般将试样放在 10.0%~25.0% 的相对湿度，温度不超过 50℃ 的大气中使其放湿，一般每隔 2h 称重一次，质量变化率不超过 0.5% 即可，或者预调湿达到 4h 便可以达到。如果纺织品表面含有树脂、表面活性剂、浆料等，需要先进行预处理，再进行预调湿和调湿。

（三）数据采集

1. 数据的正常采集

由于纺织品检测涉及大量的数据，所以需要正确地采集数据和合理地处理数据，才能保证得到准确的结果。在检测中按照标准要求进行操作，并使用正确的方法进行采集。

2. 异常数据处理

在进行实际测试后，所得的数据中，个别数据比其他数据明显偏大或者偏小，这样的数据称为异常值。对于异常值，允许剔除，即把异常值从样本中排除；允许剔除异常值，并追加适宜的测试值，找出异常值的产生原因后进行修正。

（四）数据修约

数据修约是通过省略原数值最后的若干位数字，调整所保留的末位数字，使最后得到的值最接近原数据的过程。为了更科学地修约数值，我国制定了 GB/T 8170—2008《数值修约规则与极限数值的表示与判定》。

三、纺织服装材料检测项目

纺织品的检测包括对纺织纤维、纱线、织物的物理化学性质的检测。纺织品物理检测指运用各种仪器、仪表、设备、量具等手段得到纺织品的物理性质与物理结构数据，进行系统归纳和分析的检测方法。纺织品化学检验指通过化学检测技术和仪器设备，通过对纺织品进行测试分析，确定纺织品的化学性质和化学成分的方法。

本教程中涉及的检测项目包括：纺织纤维的鉴别、细度、卷曲性、摩擦性、拉伸性；纱线的线密度、捻度、毛羽、细度均匀度、单纱强度；织物的结构分析、织物强伸性（拉伸性、顶破性、撕破性、耐磨性）、褶皱性、悬垂性、刚柔性、透气性、勾丝性、抗起毛起球性、色牢度、织物风格测定等。

第三节　纺织标准概述

纺织标准是以纺织科学技术和纺织生产实践的综合成果为基础，经有关方面共同协商，由主管机构批准，以特定形式发布，作为纺织生产和纺织流通领域共同遵守的准则和依据。纺织标准是纺织工业组织现代化生产的重要手段，是现代化纺织管理的一个重要组成部分。纺织标准是衡量纺织生产技术水平和管理水平的统一尺度，它为提高产品质量指明努力方向，为企业质量管理和考核提供依据，又为合理利用原材料创造条件。

一、纺织标准的种类

纺织标准大多为技术标准，根据内容可分为纺织基础性技术标准、纺织产品标准和纺织方法标准。

纺织基础性技术标准是指在一定范围内作为其他标准的基础并作为普适性的指导标准，包括对各类纺织品及纺织制品相关的名词定义、图形、符号、代码及通用性法则等。

纺织产品标准是指对纺织产品的品种、规格、技术要求、评定规则、试验方法、检测规则、包装、储存、运输等内容的统一规定，是纺织生产、检验、验收、商贸交易的技术依据。

纺织方法标准是指对各种纺织产品的结构、性能、质量的检测方法所做的统一的规定，具体内容包括检测的类别、原样、取样、操作步骤、数据分析、结果计算、评定与复验规定等。

二、纺织标准的表现形式

纺织标准按表现形式可分为文字标准和实物标准。

文字标准是指文字或图表对标准化对象做出的统一规定。

实物标准是指标准化对象的某些特性难以用文字标准描述出来时，可制成实物标准，也称为标样，可供检验外观、规格等对照、判别用，以实物样品为主，并附有文字说明的标准或样照。

三、纺织标准的级别

按照纺织标准的制定和发布机构，可将纺织标准分为国际标准、区域标准、国家标准、行业标准、地方标准和企业标准六种标准级别。

（一）国际标准

国际标准是由众多具有共同利益的独立主权国组成的世界标准化组织，通过有组织的合作与协商所制定、通过并公开发布的标准。国际标准的制定者是一些在国际上得到公认的标准化组织，最大的国际标准化团体有 ISO（国际标准化组织）和 IEC（国际电工委员会），与纺织生产相关的有 IWTO（国际毛纺织协会）和 BISFA（国际化学纤维标准化局）等。

（二）区域标准

区域标准是由区域性国家集团或标准化团体，为其共同利益而制定、发布的标准。相关机构包括 CEN（欧洲标准化委员会）、CCPANT（泛美标准化委员会）、PASC（太平洋区域标准大会）等。有些标准在使用中逐步变为国际标准。

（三）国家标准

国家标准是由合法的国家标准化组织，经过法定程序制定、发布的标准，在该国范围内适用，如 GB（中国国家标准）、ANSI（美国国家标准）、JIS（日本工业标准）等。

（四）行业标准

行业标准是由行业标准化组织制定，由国家主管部门批准发布的标准，适用于全国纺织工业的各个专业。对于一些需要制定国家标准，但未成熟的可先制定行业标准，等完善后申请国家标准。

（五）地方标准

地方标准是由地方（省、自治区、直辖市）标准化组织制定、发布的标准，仅在该地方范围内使用。

（六）企业标准

企业标准是由企业自行制定、审批和发布的标准，仅适用于企业内部。

四、纺织标准的执行方式

纺织标准按执行方式可分为强制性标准和推荐性标准。

(一) 强制性标准

强制性标准是指保障人体健康、人身、财产安全的标准及法律、行政法规规定强制执行的标准，是必须要执行，不得擅自更改和降低标准规定的各项要求。强制性标准的内容范围：有关国家安全的技术要求；产品与人体健康和人身财产安全的要求；产品及产品生产、储运和使用中的安全、卫生、环境保护、电磁兼容等技术要求；工程建设的质量、安全、卫生、环境保护要求及国家需要控制的工程建设的其他要求；污染物排放限值和环境质量要求；保护动植物生命安全和健康的要求；防止欺骗、保护消费者利益的要求；国家需要控制的重要产品的技术要求；与以上技术要求相配套的试验方法等。

(二) 推荐性标准

推荐性标准是指生产、互换、使用等方面，通过经济手段或市场调节而自愿采用的国家标准，企业在使用中可以参照执行。积极采用推荐性标准，有利于提高纺织产品质量，增强产品的市场竞争力。这类标准，任何单位都有权决定是否采用，违背这方面的标准，不构成经济或法律方面的责任。但一经接受并采用，或经各方商定同意将其标准纳入商品、经济合同中，就成为须共同遵守的技术依据，具有法律上的约束性，彼此必须严格贯彻执行。推荐性标准又称自愿性标准或非强制性标准。

五、标准编号

标准编号通常由标准代号、标准发布顺序和标准发布年号构成。

中国国家标准和纺织行业标准代号：强制性国家标准代号 GB，推荐性国家标准代号 GB/T，强制性纺织行业标准代号 FZ，推荐性纺织行业标准代号 FZ/T。

标准编号中，标准代号之后是标准顺序号。在我国，通常标准顺序号没有特殊的含义，不表示任何分类信息。标准和其顺序号之间是一一对应的关系，一个标准只有唯一的顺序号。

标准编号中，标准年代号是指标准发布或审定的年份。标准复审是指对使用一定时期后的标准，由其制定部门根据我国科学技术的发展和经济建设的需要，对标准的技术内容和指标水平所进行的重新审核，并确认。

第二章　纺织服装用纤维结构与性能的测试

第一节　纺织服装用纤维的鉴别

一、实验目的要求

根据纺织服装用纤维的外观形态和内在性质，采用物理方法和化学方法，认识和区别各种未知纤维。通过实验掌握鉴别纺织纤维的几种常用方法。

二、仪器用具和试样

仪器用具：生物显微镜、Y172 型纤维切片器、酒精灯、镊子、试管、试管夹、玻璃棒、烧杯、载玻片、盖玻片。

化学试剂：碘—碘化钾饱和溶液、37%盐酸、75%硫酸、5%氢氧化钠、85%甲酸、二甲基甲酰胺等。

试样：各种未知纤维（棉、黏胶、羊毛、蚕丝、涤纶、锦纶、丙纶、腈纶、氨纶）、纱线或织物。

三、实验方法和程序

1. 手感目测法

观察认识各种纤维集合体的外观形态、色泽、长短、粗细、强度、弹性、含杂等情况，综合来判断、认识各种未知纤维。

2. 显微镜观察法

利用显微镜观察纤维的纵向和横向截面形态特征来鉴别各种未知纤维，这是广泛采用的一种方法。天然纤维有其独特的形式，如棉纤维的天然转曲，羊毛有鳞片，麻纤维有横纹竖节，蚕丝截面是三角形等，用生物显微镜能正确地辨认出来。而化学纤维的截面多呈圆形，纵向平直，呈棒状，在显微镜下不易区分，必须与其他方法结合才能鉴别。各种纤维的纵向和横向截面形态如表 2-1 所示。

表 2-1　各种常见纤维的纵向和横向截面形态特征

纤维种类	纵向截面形态	横向截面形态
棉纤维	有天然转曲	腰圆形、有中腔
羊毛	有鳞片	圆形或接近圆形

纤维种类	纵向截面形态	横向截面形态
桑蚕丝	平直	椭圆形，丝素为三角形
苎麻	有横纹坚节	腰圆形，有中腔，胞壁有裂缝
黏胶纤维	纵向有沟槽	锯齿形，有皮芯结构
富强纤维	平直	圆形
维纶	有1~2根沟槽	腰圆形，有皮芯结构
腈纶	平滑或1~2根沟槽	圆形或哑铃形
氯纶	平滑	接近圆形
涤、丙、锦纶	平滑	圆形

3. 燃烧法

燃烧法是鉴定纤维的常用方法之一，它是利用纤维的化学组成不同和燃烧特征不同来区别纤维的种类。将酒精灯点燃，用镊子夹住一小束纤维慢慢移近火焰，仔细观察纤维接近火焰、在火焰中和离开火焰后的燃烧状态，燃烧时散发的气味，燃烧后的灰烬特征，对照纤维燃烧特征如表2-2所示，粗略地鉴别纤维类别。

表2-2　各种纤维的燃烧特征

纤维名称	接近火焰	在火焰中	离开火焰	灰烬形态	燃烧气味
棉、麻、黏胶	不缩、不熔	迅速燃烧	继续燃烧	少量灰白色灰烬	烧纸味
羊毛、蚕丝	收缩	渐渐燃烧	不易燃烧	松而脆的黑球	烧毛发味
涤纶	收缩、熔融	先熔后燃烧，有熔液滴下	能延续	玻璃状黑褐色硬球	特殊芳香味
锦纶	收缩、熔融	先熔后燃烧，有熔液滴下	能燃烧	玻璃状黑褐色硬球	氨臭味
腈纶	收缩、熔融	熔融、燃烧	能燃烧	黑色松脆硬球	辛辣味
维纶	收缩、熔融	燃烧	能燃烧	黄褐色硬球	特殊甜味
丙纶	缓慢燃烧	熔融、燃烧	能燃烧	黄褐色硬球	轻微沥青味
氯纶	收缩	熔融、燃烧	不能燃烧	黑色松脆硬球	氯化氢臭味

4. 药品着色法

碘—碘化钾饱液着色：将20g碘溶解在100mL的碘化钾饱和溶液中，把纤维浸入溶液中0.5~1min，取出后水洗干净，根据着色不同判断纤维品种。几种纤维的着色见表2-3。

表2-3　几种纤维的着色反应

纤维种类	碘—碘化钾液着色
棉	不染色
苎麻	不染色
蚕丝	淡黄
羊毛	淡黄

续表

纤维种类	碘—碘化钾液着色
黏胶纤维	黑蓝青
维纶	蓝灰
锦纶	黑褐
腈纶	褐色
涤纶	不染色
氯纶	不染色
丙纶	不染色

5. 溶解法

是指利用各种纤维在不同的化学溶剂中的溶解性能来鉴别纤维的方法，它适用于各种纺织纤维，包括染色纤维或混合成分的纤维、纱线和织物。此外，溶解法还广泛用于分析混纺产品中的纤维成分。一般纺织纤维常用溶剂和溶解性能见表2-4。

表2-4　一般纺织纤维常用溶剂和溶解性能

溶剂	36%~38%盐酸	70%硫酸	5%氢氧化钠	85%甲酸	99%冰醋酸	间甲酚	99% N-二甲基酰胺	二甲苯或间二甲苯
温度	常温	常温	煮沸	常温	常温	常温	常温	常温
棉	I	S	I	I	I	I	I	I
羊毛	I	I	I	I	I	I	I	I
蚕丝	P	S_0	I	I	I	I	I	I
麻	I	S	I	I	I	I	I	I
黏胶	S	S	I	I	I	I	I	I
涤纶	I	I	I	I	I	I	I	I
锦纶66	S	S_0	I	S_0	I	S	I	I
腈纶	I	I	I	I	I	I	S（93℃）	I
维纶	S	S	I	S	I	I	I	I
丙纶	I	I	I	I	I	I	I	I
氯纶	I	I	I	I	I	I	S_0	I

注　S—溶解，SS—微溶，P—部分溶解，I—不溶解。

6. 熔点法

根据化学纤维的熔融特征，在化纤熔点仪上或在附有热台和测温装置的偏光显微镜下，观察纤维消光时的温度来测定纤维的熔点，从而鉴别纤维。

纺织纤维的鉴别方法有许多种，但在实际鉴别时一般不能使用单一方法，而需将几种方法结合运用，综合分析，才能得出正确结论。

第二节　中段切断称重法纤维细度测试

纺织纤维的细度是纤维的形态尺寸指标，与纺织加工及纱布质量关系密切。在粗细相同的纱线中，纤维越细，纱线横截面中的纤维根数越多，纤维与纤维之间总的接触面积大，纤维之间抱合好，拉断纱线时，纤维不易滑脱，成纱强度高，纱线的条干均匀，表面光洁，手感柔软，加工制成的织物光洁柔和，悬垂性好，易制作内衣织物和薄织物。因此为保证成纱质量，在原料选配中，必须根据纱线的粗细与产品要求选择纤维的细度。在纺织加工中，细纤维容易产生扭结纠缠，因此开松、梳理时纤维受力作用不易十分剧烈，但在牵伸、加捻及成纱过程中，细纤维纱条的抱合好，断头少，加捻效率高；粗纤维纱条则容易断头，加捻效率低。由于纤维细度对纺织生产与产品质量有着密切的关系，因此纺织生产中必须对每批原料测定细度，以便掌握原料性质，做到合理使用原料，确定合理的加工工艺。

纤维细度指标有直接指标和间接指标两种。常用的纤维细度直接指标有直径（μm）、宽度（μm）、截面积（μm²）等。常用的纤维细度间接指标有公制支数（N_m）、旦数（N_{den}）、特数（N_{tex}）及马克隆值（M）等。公制支数是指公定回潮率下每克重纤维或纱线的长度米数。特数（号数）是指 1000m 长的纤维或纱线在公定回潮率下的重量克数。旦数（纤度）：指 9000m 长的纤维或纱线在公定回潮率时的重量克数。

重要纺织纤维的细度范围为：细绒棉 0.22～0.15tex（4500～6500 公支），羊毛 7～240μm，苎麻 1～0.4tex（1500～2500 公支），茧丝 0.22～0.44tex（2～4 旦），绢丝约 0.14tex（约 7000 公支），棉型化纤 0.11～0.22tex（0.1～2 旦），毛型化纤 0.33～0.55tex（3～5 旦），中长型化纤 0.22～0.33tex（2～3 旦）。

测量细度的方法也分为直接法和间接法，直接法有显微镜投影测量法、激光细度测试法等，间接法有中段切断称重法、振动法等。

一、实验目的

掌握中段切断称重测试纤维细度的方法，能够计算棉纤维的公制支数。

二、仪器用具与试样

仪器用具：Y171 型纤维切断器、扭力天平、黑绒布、镊子。

试样：棉束。

三、仪器结构原理

中断切断称重法主要用于棉纤维的细度测量。化学纤维需要去除卷曲才能采用此方法。切断称重法只能测算纤维的间接平均细度指标，无法获得细度的离散性指标。棉纤维由于根部和梢部细、中部粗，所以得到的细度测量值比实际细度偏大。

纤维排成一端平齐伸直，用纤维切断器在纤维中断切取 10mm 长的纤维束，在扭力天平上称重，并此中段纤维的根数。根据纤维切断长度、根数和重量计算出棉纤维的公制支数。

可参考 GB/T 6100—2007《棉纤维线密度试验方法 中段称重法》。

四、实验方法与操作步骤

（一）试样准备

1. 取样

从试验棉条纵向取出 1500~2000 根纤维，一般为 8~10mg。应从纤维条纵向抽取，过多或过少时，也应从纤维条纵向舍去或补取。

2. 整理纤维束

将试样手扯整理 2 次，用左手握住纤维束整齐的一端，右手用 1 号夹子从纤维束尖端分层夹取纤维置于限制器绒板上，反复移植两次，叠成长纤维在下、短纤维在上的一端整齐、宽 5~6mm 的纤维束。在整理纤维束过程中，不应丢掉纤维，整理好的棉束纤维应平行伸直，切取时要与夹板垂直，以保持切取后应有的长度。

3. 梳理

将整理好的纤维束，用 1 号夹子夹住距其整齐一端 5~6mm 处，先用稀梳、后用密梳从纤维束尖端开始逐步靠近夹子部分进行梳理，直至将纤维束上游离纤维梳去为止。然后将纤维束移至另一夹子上，使整齐一端露出夹子外。根据棉花类型不同，细绒棉梳去露出于夹子外的 16mm 及以下的短纤维，长绒棉梳去露出于夹子外的 20mm 及以下的短纤维。

切取：将梳理好的平直棉束放在 Y171 型纤维切断器夹板中间。纤维束应与切刀垂直，使全部切下的纤维长为 10mm。纤维的手扯长度 31mm 及以下的棉束，整齐一端应露出 5mm。化学纤维和棉纤维手扯长度在 31mm 以上的棉束，整齐一端应露出 7mm，然后切断，切断时两手用力一致，使纤维拉直但不致伸长。

4. 调湿

根据 GB/T 6529—2008 规定将试验纱线进行预调湿和调湿，在温度为（20±2）℃，相对湿度 65%±3% 的标准大气下，放置 24h。或连续间隔至少 30min 称重时，质量变化不大于 0.1%。

（二）称量计数

用扭力天平分别称重，记录棉束中段和两端纤维的重量，准确到 0.02mg。用拇指与食指夹持中段纤维束的一端，然后用镊子夹住纤维移置于涂有甘油的载玻片上，纤维一端紧靠载玻片边缘，每一载玻片可排成左右两行，排妥后用另一载玻片盖上。将载玻片放在 150~200 倍显微镜和投影仪下进行逐根计数，记下每片总根数。如纤维较粗，也可用肉眼直接计数，无需制片。

五、实验结果

1. 计算线密度

根据纤维中段重量和根数，计算出线密度，计算精确到整数。

$$Tt = \frac{m_1}{L \times n} \times 10^6$$

式中：Tt——线密度，mtex；

m_1——中段纤维质量，mg；

L——切断纤维长度，$L = 10$mm；

n——纤维根数，根。

还可以求出公制支数（m/g）和每毫克根数，计算精确到整数。

$$N_m = \frac{L \times n}{m_1}$$

$$M = \frac{n}{m_1 + m_2}$$

式中：N_m——公制支数，m/g；

M——每毫克纤维根数；

m_2——切断棉束两端的重量和，mg；

2. 测定次数与重测

每份试样测定两次，两次测定结果的公制支数或每毫克根数，差值超过平均数的 5%，需从纤维条中取样重复测定一次。第三次测定结果和前两次测定结果的差值，如果等于或小于平均数的 5%，则以三次测定结果平均之。如果有一差值大于 5%，则由差值等于和小于 5% 的两次测定结果平均之。如果差值均大于 5%，应检查原因，重新取样测定。

第三节　显微投影仪和全自动纤维细度仪测试

一、实验目的

利用显微投影仪和全自动纤维细度仪测定羊毛纤维的直径，通过试验掌握纤维直径的测量方法。

二、仪器用具与试样

仪器用具：显微投影仪、目镜测微尺、物镜测微尺、放大 500 倍的卡纸、石蜡油、载玻片、BEION F10 全自动纤维细度仪。

试样：羊毛。

三、仪器结构原理

1. 基本知识

羊毛细度的表示方法有两种：一种是羊毛的直径，另一种是羊毛的品质支数。羊毛的截面形状呈圆形或椭圆形，羊毛的细度可用直径表示。羊毛的直径用显微镜或投影仪测量，单位为 μm。

2. 显微镜测量羊毛直径

首先在目镜内装入目镜测微尺，然后将物镜测微尺放在载物台上，调整显微镜焦距，用物镜测微尺标定目镜测微尺刻度大小，物镜测微尺上有刻度，一般在 1mm 长度内刻有 100 格，每一小格为 10μm。目镜测微尺上也有刻度，一般在 5mm 内刻有 50 格或在 1cm 内刻有

100 格，每个在显微镜之视野内代表的长度随显微镜放大倍数而不同。

测量羊毛直径时显微镜物镜用 40~50 倍，目镜用 10 倍左右，总放大倍数一般用 400~500 倍。在测量羊毛直径以前，将物镜测微尺放在载物台上，目镜测微尺放在目镜内。调节显微准焦、在视野内可以看到两根尺。调节物镜测微尺与目镜测微尺刻度重合，计数物镜测微尺和目镜测微尺的刻度，通过下式计算目镜测微尺每小格代表的长度。

$$x = \frac{10n_1}{n_2}$$

式中：x——目镜测微尺每小格的长度，μm；

　　　n_1——物镜测微尺在一定区间的刻度数；

　　　n_2——目镜测微尺在同样区间的刻度数。

当已知目镜测微尺每小格到表的长度后，就可测定羊毛的直径。把物镜测微尺从载物台取下，代之以盛有石蜡油和羊毛片段的载玻片，测量每一根羊毛的目镜测微尺格数，即可计算羊毛色直径。例如：物镜测微尺 10 格与目镜测微尺 33.5 格重合，$n_1 = 10$，$n_2 = 33.5$，代入上式得目镜测微尺每小格代表 2.93μm。羊毛直径所占目镜测微尺的格数为 6 格时，该羊毛的直径为 17.94μm。

BEION F10 全自动纤维细度仪见图 2-1。BEION F10 全自动纤维细度仪结合纤维制样器套装以及图像处理、自动分析软件，可实现纤维细度、分布、标准差、变异系数等参数的测试，可实现快速纤维切断和制样，得到纤维细度测试数据的统计报表，符合 IWTO TM47 标准。

(a) 纤维切刀　　　　　　　　(b) 纤维布样器　　　　　　　(c) 全自动显微镜

图 2-1　BEION F10 全自动纤维细度仪

3. 投影仪测量羊毛直径

利用显微镜改装成投影仪，用物镜测微尺标定投影仪放大倍数。首先将物镜测微尺放在显微镜载物台上，并投影在屏幕上看物镜测微尺一小格的投影大小。测量羊毛直径一般投影放大倍数用 500 倍数，调节投影屏幕的距离，使物镜测微尺一小格的投影放大为 5mm。

在测量羊毛直径时，把物镜测微尺从载物台上取下，以盛有石蜡油和羊毛片段的载玻片代之，并用纸卡尺测量羊毛的直径。参考标准 GB/T 10685—2007《羊毛纤维直径试验方法投影显微镜法》。

四、实验方法与操作步骤

（一）显微投影仪测量羊毛细度

1. 取样

从品质检验的试样中，任意抽出毛条不少于 10 根，重量不少于 10g，每根毛条剖出 1/3~1/4，合并用单面刀片或剪刀切取长度 0.4~0.7mm 的羊毛片段。被测量的羊毛片段，其长度不应太长，同时应在甘油内混合均匀。

2. 制片

将切取得到的纤维放在试样瓶内，滴适量石蜡油并用玻璃棒搅拌均匀，然后取少量试样放到载玻片上铺匀，轻轻覆盖在盖玻片，在覆盖中尽量减少气泡。

3. 调整

调整显微投影仪取下普通生物显微镜的反光镜，在目镜头端加装一块三棱镜，并将显微镜横卧构成显微镜投影仪。为了增加成像后的亮度，须采用光源灯片平行光线作为入射光，经显微镜和三棱镜折射后，将放大的物象投射至试验台面上。

4. 测试

将待测的试样放在 500 倍显微镜投影仪的载物台上，校到纤维成像清晰，然后从载玻片一端用纸卡尺逐一测量每根纤维的直径，不可跳跃或重复。如一根纤维粗细相差较大时，量其中间部位，重叠或不明显的不量。把逐根量得的直径相应地记录在纸卡片上。

5. 测试根数

先测量两个试样片。每片测量根数：支数毛毛条为 400 根，改良级数毛与土种毛毛条为 500 根，以两个试样片的算术平均数为其测量结果。若两片试验结果差异超过两片平均数的 3%（支数毛及改良级数毛）和 4%（土种毛）时，需再测量第三块试样片，并以 3 片的算术平均数为其测量结果。

（二）BEION F10 全自动纤维细度仪

1. 制样要求

在羊毛细度测试实验中，如使用原毛条样子要求取 4 次平行样，经洗涤、烘干、开松、除杂，然后将试样进行调试平衡，用微型取样器钻芯取样，形成 4 个待检测样。

使用毛条样子做实验，可直接用 BEION 纤维切刀切取实验试样（长度为 1.5mm 的短片短纤维）。

2. 实验步骤

（1）取样。取样刀下方放置托盘，取一束纤维用取样刀切断。切取了一小段纤维到铝托盘中。

（2）将干净的玻璃片打开放在制片台上，打开灯。将筛网横着放置在制片台的凹槽中。用镊子将切取的纤维夹取放在筛网上，然后用静电毛刷刷纤维，使纤维通过筛网均匀的分散在玻璃片上，一个玻璃片上有 2000~4000 根有效测试纤维为佳。分散不能太稀，有效根数少；也不能太密，不容易选取有效纤维并且对焦不容易准。将制好的样片用夹子夹好，放置在显微镜的载物台上，用压片压住。

（3）测试

直接选择开始新样品测试，按按钮，仪器自动测试。

五、实验结果

根据以上测得的数值，按下列格式计算平均直径、直径标准差、直径离散系数和粗腔毛率（1000 根羊毛中含粗腔毛的根数）。

1. 平均直径 $(\bar{d})$

$$\bar{d} = \frac{\sum n_i d_i}{N}$$

式中：d_i——第 i 组直径的组中值，$d_i = \dfrac{上界+下界}{2}$，μm；

　　　n_i——第 i 组直径的纤维根数，频数；

　　　N——测试的总根数。

2. 分组的简便计算法

$$\bar{d} = d_0 + \frac{\sum n_i a}{N} \cdot \Delta d$$

式中：$\bar{d}_0$——假定直径平均数（一般为频率较大而位置又较居中的一组的组中值）；

　　　Δd——组距（本实验中为 2.5 μm）；

　　　a——第 i 组直径（组中值）与假定直径平均数之差与组距之比，即 $a = \dfrac{d_i + \bar{d}_0}{\Delta d}$。

3. 直径标准差 (S)

$$S = \sqrt{\frac{\sum (n_i \times a^2)}{N} - \left[\frac{\sum (n_i \times a)}{N}\right]^2} \times \Delta d$$

4. 直径变异系数 (CV)

$$CV = \frac{S}{\bar{d}} \times 100\%$$

第四节　振动法细度测试

一、实验目的

了解振动法测试纤维细度的原理，掌握 XD-1 型纤维细度仪的操作和数据分析。

二、仪器用具与试样

仪器用具：XD-1 型纤维细度仪、镊子。

试样：各种纤维等。

三、仪器结构原理

XD-1 型纤维细度仪，如图 2-2 所示，是利用弦振动原理测定纤维细度的仪器，可直接显示线密度单值、平均值和变异系数。适用于单根纤维的线密度测定。本实验参照 GB/T

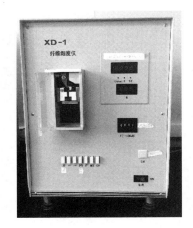

图 2-2　XD-1 型纤维细度仪

16256—2008《纺织纤维线密度试验方法　振动仪法》。

工作原理是振动式细度仪采用弦振动原理测定纤维线密度。根据振动理论，在已知张力和长度的条件下，若纤维直径与长度之比很小，谐振时纤维固有振动频率与密度的关系为：

$$f = \frac{1}{2L}\sqrt{\frac{T}{\rho}} \text{ 或 } \rho = \frac{T}{4L^2 f^2}$$

式中：ρ——纤维密度，g/cm^3；

　　　L——纤维振弦长度，cm；

　　　T——张力，$g \cdot cm/s^2$；

　　　f——谐振频率，Hz；

测量出谐振时的频率即可算出纤维的线密度。

四、实验方法与操作步骤

1. 取样

在试样中随机取不少于 50 根纤维作为试验样品。

2. 调湿

根据 GB/T 6529—2008 规定将试验纱线进行预调湿和调湿，在温度为（20±2）℃，相对湿度为（65±3）％的标准大气下，放置 24h。或连续间隔至少 30min 称重时，质量变化不大于 0.1％。

3. 测试

（1）开机预热 15min。

（2）设定预张力拨盘读数：根据纤维的名义线密度，选择适当的预张力夹。并设定预张力拨盘，要求预张力拨盘设置后与预张力夹数值一致，使 T/D 位于 0.1~0.2 之间；将预张力夹夹持纤维的一端，轻轻捻出纤维，并用镊子夹持纤维的另一端，加持点尽可能靠近镊子尖端；用左手打开有机玻璃门，轻按有机玻璃门使钳口张开，将纤维夹持并自由悬挂靠在上下刀口之间，不与检测槽两侧相碰；待纤维起振，显示稳定后，按［EN］键，记录数据。

（3）按［EN］键后，试验根数 N 显示数自动加 1。如本次拉伸结果判断有异常，按"←"键，将显示根数退至该根的上一根纤维的测试结果，继续进行试验时，按［EN］键后，异常数据被新的测试数据替代。

（4）逐根测试纤维直到测完规定根数；按［MX］键和［CV］键，将分别显示线密度的平均值和变异系数；按［PR］键可打印出各根纤维的测试结果。

五、实验结果

1. 平均线密度（$\overline{Tt}$）

$$\overline{Tt} = \frac{\sum\limits_{i=1}^{n} Tt_i}{n}$$

式中：$\overline{Tt}$——平均线密度，dtex；

  Tt_i——第 i 根纤维线密度值，dtex；

  n——试验次数。

计算结果按照 GB/T 8170—2008 规定修约至三位有效数字。

2. 线密度标准差（S）

$$S = \sqrt{\frac{\sum\limits_{i=1}^{n}(Tt_i - \overline{Tt})^2}{n-1}}$$

式中：S——线密度标准差，dtex。

计算结果按照 GB/T 8170—2008 规定修约至三位有效数字。

3. 变异系数（CV）

$$CV = \frac{S}{\overline{d}} \times 100\%$$

式中：CV——变异系数。

计算结果按照 GB/T 8170—2008 规定修约至三位有效数字。

4. 线密度偏差率（P_t）

$$P_t = \frac{\overline{Tt} - Tt_m}{Tt_m} \times 100\%$$

式中：P_t——线密度偏差率；

  Tt_m——名义线密度，dtex。

计算结果按照 GB/T 8170—2008 规定修约至三位有效数字。

第五节　纺织服装用纤维的卷曲性测试

纤维的卷曲是指在规定的初始负荷作用下，能较好地保持一定程度规则性的皱缩形态结构。卷曲可以增加短纤维纺纱时纤维之间的摩擦力和抱合力，使成纱具有一定的强力，还可以提高纤维和纺织品的弹性，使其手感柔软，突出织物的风格。卷曲对织物的抗皱性、保暖性以及表面光泽的改善都有影响。

一、实验目的

通过实验，熟悉 XCP-1A 型纤维卷曲弹性仪的结构，掌握操作方法，实测纤维的卷曲弹性的相关指标。

二、仪器用具与试样

仪器用具：XCP-1A 型纤维卷曲弹性仪、镊子、黑绒板。

试样：各种纤维。

三、仪器结构与原理

纤维卷曲弹性仪，根据纤维的粗细，在规定的张力下，在一定的受力时间内测定纤维在不同负荷下的长度变化，确定纤维的卷曲数、卷曲率、卷曲弹性率及卷曲回复率。

仪器工作原理如图2-3所示。将纤维试样松弛地夹入上夹持器和下夹持器之间，计算机发出的脉冲，通过脉冲分配器和驱动步进电机带动传动装置使下夹持器下降拉伸纤维试样。测力传感器测试纤维试样所受张力，通过放大器送至计算机，当力值达到预先设置的轻负荷时，仪器自动记取试样初始长度，同时由摄像头、照明装置、计算机、显示器所组成的图像测试系统显示纤维试样卷曲图形，并自动测取纤维卷曲数。

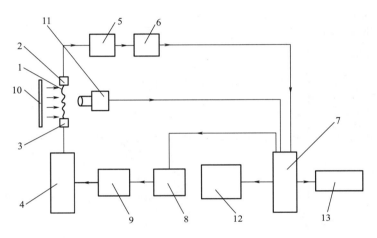

图2-3　XCP-1A型纤维卷曲弹性仪工作原理图

1—纤维试样　2—上夹持器　3—下夹持器　4—传动装置　5—测力传感器
6—放大器　7—计算机　8—脉冲分配器　9—驱动步进电机
10—照明装置　11—摄像头　12—显示器　13—打印机

下夹持器继续下降拉伸纤维试样，测力传感器测试纤维试样所受拉伸力，当力值达到所预先设置的重负荷时，仪器自动记取试样伸直长度，仪器自动计算纤维卷曲率。在重负荷情况下，下夹持器停止运动使纤维试样承受重负荷30s后，下夹持器回升到原位，纤维试样在松弛状态下停留2min，下夹持器再次下降拉伸纤维试样至轻负荷，自动记取试样的回复长度。自动计算纤维弹性卷曲率。

本实验参照GB/T 14338—2008《化学纤维 短纤维卷曲性能试验方法》。

四、实验方法与操作步骤

（一）试样准备

1. 预调湿

当试样回潮率超过标准回潮率时，需要进行预调湿，调湿温度不超过50℃，相对湿度5%~25%，时间大于30min。

2. 调湿和实验用标准大气

按照GB/T 6529—2008规定的纺织品的调湿和实验用标准大气，在温度（20±2）℃，相对湿度65%±5%的大气条件下，涤纶、腈纶和丙纶试样调湿4h，其他化学纤维试样调湿16h。

（二）实验步骤

（1）打开纤维卷曲弹性仪和计算机电源，预热 30min。

（2）双击计算机桌面"XCP-1A"卷曲仪的小图标，出现测试界面。

（3）单击测试"标定"按钮，出现标定界面。

当上夹持器挂在测力杆钩子上时，按"校零"按钮，使力值显示为零。将标准力值砝码挂于测力杆钩子上，按"满度"按钮，力值显示为 2000（10^{-3}cN），然后取下标准力值砝码，并按下"退出"按钮退出。

（4）单击测试中"设置"按钮，出现测试选项界面。在测试选项测试区分中，选择"试验 1"，卷曲试验仅需测试纤维卷曲率和卷曲数，不需要测试纤维卷曲弹性率指标；选择"试验 2"，可进行纤维卷曲弹性率测试。

根据纤维卷曲率试验方法标准，由纤维试样的名义线密度，确定卷曲试验时的轻负荷值和重负荷值，轻负荷值为（0.0020±0.0002）cN/dtex。重负荷值：维纶、锦纶、丙纶、氯纶、纤维素纤维为（0.050±0.005）cN/dtex；涤纶、腈纶为（0.075±0.0075）cN/dtex。在测试选项中对应的输入框中加以设定，输入测试员、样品标注等测试信息。

（5）测试选项设置完成后，单击测试选项中"确定"按钮，即可开始准备进行纤维卷曲实验。

（6）从已达平衡的样品中随机取出 20 束卷曲且未被破坏的纤维放在黑绒板上，用镊子将上夹持器从测力杆钩子上取下，从每束纤维中随机夹取一根纤维试样的某一端，然后将上夹持器用镊子轻轻挂在测力杆钩子上，用镊子将纤维试样下端松弛地夹入下夹持器钳口中，下夹持器钳口的启闭通过用左手外拉或放开下夹持器的手柄即可。

（7）按启动按钮"ST-1"，下夹持器下降至纤维试样受力达到轻负荷停止，力值显示为轻负荷值，长度显示为试样的初始长度 L_0 值。

（8）转动下夹持器至计算机显示屏中展示的纤维卷曲形态达到最佳状态，此时计算机屏幕上自动显示纤维 25mm 长度中的卷曲数。

（9）按启动按钮"ST-2"，下夹持器继续下降至纤维试样受力达到重负荷，力值显示为重负荷值，长度显示为纤维伸直长度 L_1。如果试验类型选位为"试验 1"，此时下夹持器将自动回升至起始位置，自动计算结果的卷曲率 J（%）值，如果试验类型选择为"试验 2"，此时下夹持器将停止运动，纤维试样承受重负荷 30s 后下夹持器自动回升至起始位置，纤维试样在松弛状态下停留 2min，下夹持器再次下降拉伸纤维至轻负荷，长度显示为纤维回复长度 L_2，下夹持器回升至原位后自动计算结果的卷曲弹性率 J_d（%）值。

（10）按照步骤（6）~（9）继续进行其他纤维试样的测试。每个样品测试 20 根纤维。

五、实验结果

仪器自动输出测试样品的卷曲数、卷曲率、卷曲弹性率及卷曲回复率。

1. 卷曲数

纤维在受轻负荷时，25mm 长度内的卷曲个数 J_n。

2. 卷曲率

表示卷曲程度的指标，与卷曲数和卷曲波深度有关。

$$J = \frac{L_1 - L_0}{L_1} \times 100\%$$

式中：J——卷曲率；

    L_0——加轻负荷至平衡时记下的读数，mm；

    L_1——加重负荷至平衡时记下的读数，mm。

3. 卷曲回复率

表示纤维受力后卷曲回复的能力，是反映卷曲牢度的指标。

$$J_w = \frac{L_1 - L_2}{L_1} \times 100\%$$

式中：J_w——卷曲回复率；

    L_2——在重负荷保持30s后释放，经2min回复，再在轻负荷下测定的长度，mm。

4. 卷曲弹性率

$$J_d = \frac{L_1 - L_2}{L_1 - L_0} \times 100\%$$

式中：J_d——纤维的卷曲弹性率。

各项结果均以20根纤维的测定值的算数平均值表示，按照GB/T 8170—2008规定修约到小数点后一位。

第六节　纺织服装用纤维摩擦性能的测试

纤维的摩擦性质是指纤维与纤维之间，或纤维与其他物质之间表面接触并发生相对运动时的行为。纤维间的摩擦是纤维形成并维持纤维集合体稳定结构的关键因素。纤维的摩擦性能对纺织加工、成品风格等有重要的影响。

一、实验目的

通过实验，熟悉XCF-1A型纤维摩擦系数测试仪的结构，掌握操作方法，实测纤维的摩擦系数。

二、仪器用具与试样

仪器用具：XCF-1A型纤维摩擦系数测试仪、黑绒板、镊子、张力夹等。

试样：各种纤维。

三、仪器结构原理

采用绞盘法（图2-4）测量纤维摩擦系数，其原理是把两端带有相同负荷f_0的张力夹的单根纤维跨在摩擦辊上，一端挂在预测力装置相连的挂钩上，一端垂下，此时纤维两端施加相等张力，纤维一端张力夹作用于挂钩，测力装置测得f_2，根据欧拉定律，

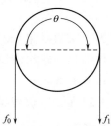

图2-4　绞盘法原理图

计算纤维摩擦系数。

$$\frac{f_0}{f_1} = e^{\mu\theta}$$

式中：f_0、f_1——纤维两端所受张力，cN；

μ——纤维与摩擦辊表面的摩擦系数；

θ——纤维与摩擦辊表面的接触角，rad；

e——自然常数。

其中，

$f_1 = f_0 - f_2$，f_2 为张力夹重量。

当 θ 等于 π 时，纤维摩擦系数为：

$$\mu = \frac{1}{\pi\lg e} \times \lg\frac{f_0}{f_1} = 0.732936 \times \lg\frac{f_0}{f_1} = 0.732936 \times \lg\frac{f_0}{f_0 - f_2}$$

XCF-1A 型纤维摩擦系数测试仪如图 2-5 所示，由摩擦系统、力值测量系统、计算机控制系统和机械传统系统构成。

图 2-5　XCF-1A 型纤维摩擦系数测试仪

四、实验方法与操作步骤

1. 试样准备

当需要测定纤维与纤维之间的摩擦系数时，需要将纤维制成纤维辊。将试样在标准大气条件下调湿，再将试样制成纤维辊。纤维辊的表面要求光滑，不得有毛丝，不能沾有汗污；纤维要平行于金属芯轴，均匀地排列在芯轴的表面。

2. 实验步骤

（1）打开仪器主机及计算机电源，启动计算机程序预热半小时。

（2）双击计算机屏幕桌面上的"XCF-1A"图标，出现测试界面。

（3）单击测试界面中"标定"按钮，出现标定界面。

在仪器空载情况下，单击显示屏"标定"按钮，在未进行校零之前，检查仪器力值显示数字应该在-50~50 范围之内。如果偏离太大，应通过面板左下方内校电位器进行调整。该偏差数值在仪器自动校零时会自动扣除，使用中并不影响测试结果。

在挂钩无负荷的情况下，单击显示屏"校零"按钮，使力值自动校正显示为零。将重力为 2cN 的标准砝码挂于挂钩上，单击"满度"按钮，力值自动校正显示为 2000（10^{-3}cN）。反复以上操作 2~3 次即可完成力值零位和满度校准，并单击"退出"按钮退出。

（4）单击测试界面中"设置"按钮，出现设置选项界面。

在测试选项的测试设置中的测试区分中，选"摩擦辊转动"项。

根据纤维试样摩擦实验要求，确定适当的张力夹重量、摩擦辊转速、负荷范围、测试时间等参数。一般张力夹选择 0.1cN，纤维较粗或者卷曲较多则选择 0.2cN。摩擦辊转速一般选择 30r/min。

测试选项设置完成后，单击"确定"按钮，即可开始准备进行纤维摩擦实验。

（5）按"复位"按钮，将两端各被一个张力夹夹持着的纤维试样挂在摩擦辊上，其中一个张力夹靠挂在挂钩上，另一个张力夹自由挂在摩擦辊另一面，此时挂在摩擦辊上的试样两端受到相同张力作用。

（6）按"测试"按钮，摩擦辊开始转动，张力夹重量缓慢地加载到挂钩上，仪器实时显示负荷-时间曲线，到设定时间后，摩擦辊停止转动，计算机自动分析负荷-时间曲线，得到纤维试样的静态和动态摩擦力，根据欧拉公式计算出纤维静摩擦系数和动态摩擦系数。

（7）重复步骤（5）~（6）继续进行其他纤维试样的测试。一般每根挂丝测 2~3 次，每个摩擦辊测 6 根挂丝。

若是纤维辊，一般测 5 个纤维辊，每个纤维辊各测 6 根挂丝，可根据需要增减测定次数。

五、实验结果

计算机自动分析计算得到纤维的静摩擦系数和动摩擦系数及其平均值和变异系数。

第七节　纺织服装用纤维拉伸性能测试

一、实验目的

通过实验，熟悉 XQ-2 型纤维强伸度仪和 XQ-1C 型纤维强伸度仪的结构，掌握操作方法，实测单纤维强力。

二、仪器用具与试样

仪器用具：XQ-2 型纤维强伸度仪、XQ-1C 型纤维强伸度仪、镊子、黑绒板、张力夹等。

试样：各种纤维。

三、仪器结构原理

XQ-2 型纤维强伸度仪和 XQ-1C 型纤维强伸度仪是等速伸长型（CRE）拉伸试验仪，进行拉伸实验时，被测试样由上夹持器和下夹持器夹持。在规定的条件下，由计算机程序控制下夹持器下降拉伸纤维至断裂，测得纤维的断裂强力、断裂伸长率及定伸长负荷的单值、平均值和变异系数。

XQ-2 型纤维强伸度仪负荷测量范围在 0~100cN，适用于各种单根化学纤维和天然纤维拉伸性能的测定；XQ-1C 型纤维强伸度仪负荷测量范围在 0~200cN，适用于碳纤维、芳纶、高强高模聚乙烯等具有高强度、高模量和低延伸性能纤维的测试。两台设备操作方法相同。

本实验参照 GB/T 14337—2008《化学纤维 短纤维拉伸性能试验方法》。

四、实验参数

1. 名义隔距长度

根据纤维的长度，按照表 2-5 选择名义隔距长度。

表 2-5　名义隔距长度

纤维名义长度（mm）	名义隔距长度（mm）
<38	10
≥38	20

纤维名义长度小于 15mm 时，可采用协议双方认可的夹持长度。

2. 拉伸速度

根据纤维的断裂伸长率，按表 2-6 规定选择拉伸速度。

表 2-6　拉伸速度

断裂伸长率（%）	拉伸速度（mm/min）
<8	50%名义隔距长度
8~50	100%名义隔距长度
>50	200%名义隔距长度

3. 预张力值

涤纶、锦纶、丙纶、维纶等标准预加张力：0.05~0.20cN/dtex。

推荐：

涤纶（0.15±0.03）cN/dtex

锦纶、丙纶、维纶：（0.10±0.03）cN/dtex

腈纶：（0.10±0.03）cN/dtex

纤维素纤维：（0.060±0.006）cN/dtex，湿态（0.025±0.003）cN/dtex。

五、实验方法与操作步骤

1. 试样准备

（1）预调湿。当试样回潮率超过标准回潮率时，需要进行预调湿，调湿温度不超过 50℃，相对湿度 5%~25%，时间大于 30min。

（2）调湿和实验用标准大气。按照 GB/T 6529—2008 规定的纺织品的调湿和实验用标准大气。在温度（20±2）℃，相对湿度 65%±5% 的大气条件下，涤纶、腈纶和丙纶试样调湿 4h，其他化学纤维试样调湿 16h。

2. 操作步骤

（1）接通压缩机电源，打开强力仪主机及计算机电源，启动计算机程序预热 30min。

（2）双击计算机屏幕桌面上的强力仪图标，进入测试界面。

（3）单击测试界面中"标定"按钮，进入标定界面。在上夹持器无负荷的情况下，单击"校零"按钮，使力值显示为零。在夹持器端面上放置标准砝码（XQ-2 型纤维强伸度仪放置 100cN 砝码和 XQ-1C 型纤维强伸度仪放置 200cN 砝码），点击"满度"按钮，力值显示 XQ-2 型纤维强伸度仪为 100cN，XQ-1C 型纤维强伸度仪为 200cN。如此重复 1~2 次即可完成力值零位和满度校准，并单击"退出"按钮退出。

（4）单击测试界面中"设置"按钮，按照标准规定的要求设置实验参数。设置完成后，单击"确定"按钮，即可开始强力测试。

（5）用选取的预张力夹夹持纤维试样的一端，用镊子轻轻夹持纤维试样另一端，把纤维试样引至强力仪夹持器钳口中间部位。若与 XD-1 型纤维细度仪联机使用，则先把纤维试样引至 XD-1 型纤维细度仪测量其线密度，按细度仪确定按钮后，再把该根纤维试样引至强力仪夹持器钳口中间部位。

（6）按下主机面板上的"自动"按钮，上夹持器钳口闭合；再按下"自动"按钮，下夹持器钳口闭合，同时下夹持器下降开始拉伸纤维试样。

或者按下主机面板上的"上夹"按钮，上夹持器钳口闭合；按"下夹"按钮，下夹持器钳口闭合；再按下"降"按钮，下夹持器下降开始拉伸试样。

若与 XD-1 型纤维细度仪联机使用，必须先测纤维线密度再按"自动"按钮，否则按"自动"按钮时不起作用。

（7）试样断裂后，上、下夹持器钳口自动打开，用镊子清除上下夹持器中的残余试样，下夹持器回复上升至原位后，计算机屏幕显示该次试验结果各项性能指标。

（8）重复上述步骤拉伸试样，直至达到预定试验次数为止。

（9）一般每个实验样品约随机取出已平衡好的 500 根纤维，均匀铺放在黑绒板上，随机取出 50 根纤维进行测试，并求出平均值。

六、实验结果

仪器自动输出纤维断裂强力、断裂伸长率及定伸长负荷的单值、平均值和变异系数。结果修约按 GB/T 8170—2008 规定，断裂强力、定伸长负荷修约到小数点后两位；断裂伸长率、变异系数修约到小数点后一位。

第八节　纺织服装材料回潮率测试

纺织材料的吸湿或放湿不仅影响材料本身的重量，而且会引起材料其他性质的变化，这对商品贸易、重量控制、性能测定和生产加工都会有影响。纺织材料吸湿量的多少，取决于纺织材料的种类及大气条件。一般天然纤维和再生纤维的吸湿性较好，合成纤维的吸湿性较差。

纺织材料含湿量指标通常用回潮率和含水率表示，回潮率为主要指标。纺织材料在标准大气条件下［温度为（20±2）℃，相对湿度为65%±2%］的回潮率，称为标准大气条件回潮率。国家为了贸易和成本核算等需要，由国家对纺织纤维统一规定的回潮率，称为公定回潮率，按公定回潮率计算得到的重量为公定重量。各种纺织纤维的公定回潮率见表2-7。

表2-7　各种纺织纤维的公定回潮率

纤维种类		公定回潮率（%）	纤维种类	公定回潮率（%）
原棉		8.5	黏胶纤维	13.0
洗净毛	同质毛	16.0	聚酯纤维（涤纶）	0.4
	异质毛	15.0	聚酰胺纤维（锦纶）	4.5
毛条	干梳	18.25	聚丙烯腈纤维（腈纶）	2.0
	油梳	19.0	聚乙烯醇纤维（维纶）	5.0
桑蚕丝		11.0	聚丙烯纤维（丙纶）	0.0
柞蚕丝		11.0	聚乙烯纤维（乙纶）	0.0
亚麻		12.0	聚氯乙烯（氯纶）	0.0
苎麻		12.0	三醋酯纤维	3.5
黄麻		14.0	二醋酯纤维	7.0
大麻		12	玻璃纤维	0.0

纺织材料的含湿量测试方法可以分成直接测定法和间接测定法两类。直接测定法分别测出纺织材料的干重和湿重，再计算得到其回潮率，这是目前测定纺织材料回潮率的基本方法。主要有烘箱法、红外线干燥法、干燥剂吸干法、微波加热干燥法等。间接测定法是利用纺织材料在不同回潮率下的电阻、介电常数、介电损耗等物理量和纺织材料中水分的关系，间接测量纺织材料中水分的含量。

一、实验目的

通过实验，了解烘箱的结构原理，掌握烘箱的操作使用方法，测定纺织材料的含水率及回潮率。

二、实验用具与试样

Y802N型八篮恒温烘箱、天平、光面纸及各种纺织材料。

三、仪器结构与原理

Y802N型八篮恒温烘箱由箱体、加热器、恒温控制部分、称重部分及其他辅助结构组成。

利用烘箱法测定纺织材料水分的基本方法是电热丝加热，将烘箱内温度升高一定值，使纺织材料中的水分蒸发于热空气中。利用排气装置将湿热空气排出箱外。由于纺织材料内水分不断蒸发和散失，重量不断减少，直到重量烘干至不变时，即为纺织材料的干重。烘干过程中的全部损失作为水分，由此来计算含水率和回潮率。

本实验参考GB/T 9994—2018《纺织材料公定回潮率》和GB/T 6102.1—2006《原棉回

潮率试验方法　烘箱法》。

Y802 型八篮恒温烘箱是对流式通风烘箱，通风良好，缺点是箱内温度差异较大，在称重时有气流影响，但基本上符合国际标准对通风的要求。

四、实验方法与操作步骤

（1）开启烘箱"电源开关"和"加热开关"，并按下"复位"按钮。

（2）调节烘燥温度，不同纤维材料的烘燥温度不同。腈纶为（110±2）℃，氯纶为（77±2）℃，桑蚕丝为（140±2）℃，其他纤维为（105±2）℃。

（3）从试样桶中取出纺织纤维试样，用天平称取试样 50g，精确至 0.01g，每个试样的称重时间不超过 1min，自取样至称样存放时间不超过 24h。

（4）将称好的纤维试样用手扯松，扯松时下面放一光面纸，扯落的杂质和纤维会落在光面纸上，应全部放回试样。

（5）从箱内取出烘篮，将称好的试样放入烘篮，待烘箱内的温度上升至规定温度时，将烘篮放入烘箱进行烘干，关上箱门，箱内温度回升至规定温度时，记录入箱时间。如不足 8 个试样，则应在多余的烘篮内装入等量的纤维以防影响烘燥速度。

（6）达到规定的预烘时间（约 30min），关闭总电源 1min，用钩篮器勾住烘篮进行第一次箱内称重，逐一称重并记录每个试样的质量。

（7）开启总电源，待温度升至规定温度后，继续烘干 5min（不包括称重时间）再称重一次，以后每隔 5min 称重一次，直至二次称重差异不超过后一次称重的 0.05%，则后一次所称质量即为试样干重。每次称完 8 个试样不应超过 5min。

五、实验结果与计算

根据试样干重 G_0 和湿重 G（50g），按下式计算纺织材料的含水率和回潮率。纺织材料的重量、含水率和回潮率计算均至小数点后第二位。

含水率：$M = \dfrac{G - G_0}{G} \times 100\%$

回潮率：$W = \dfrac{G - G_0}{G_0} \times 100\%$

第九节　扫描电子显微镜鉴别法

不同的纺织服装用材料具有不同的形貌，例如天然纤维的棉、麻、丝、毛，以及各种化学纤维。通过采用扫描电子显微镜的手段，可以对一些纺织材料进行快速又准确地鉴别，还能对材料的微观结构进行观察和分析。

一、实验目的

采用 NE-3000M 型扫描电子显微镜对各类纤维、纱线，织物进行观察。通过试验，掌握扫描电子显微镜的原理和操作方法。认识和掌握纤维、纱线、织物的微观形态。

二、仪器用具与试样

仪器用具：NE-3000M 型扫描电子显微镜、纤维切片器。

试样：各类纤维、纱线、织物。

三、仪器结构原理

NE-3000M 型扫描电子显微镜如图 2-6 所示，内部结构是由电子光学系统、信号收集、图像显示和记录系统、真空系统组成的，可以放大 20~15000 倍。工作原理是电子束受到阴阳极之间加速电压的作用射向镜筒，经过聚光镜及物镜的会聚作用，缩小成直径约几纳米的电子探针。电子探针在样品表面作光栅状扫描并且激发出多种电子信号。这些电子信号被相应的检测器检测，尤其是二次电子，经过放大、转换，变成电压信号，最后被送到显像管的栅极上并且调制显像管的亮度。显像管中的电子束在荧光屏上也作光栅状扫描，并且这种扫描运动与样品表面的电子束的扫描运动严格同步，这样即获得衬度与所接收信号强度相对应的扫描电子像，这种图像反映了样品表面的形貌特征。

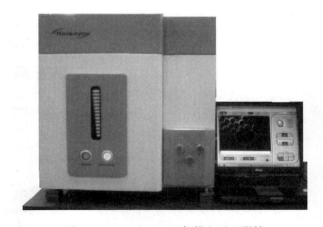

图 2-6 NE-3000M 型扫描电子显微镜

四、实验方法

1. 试样准备（镀膜）

样品镀膜方法包括真空镀膜法和溅射镀膜法，使样品表面导电。真空镀膜法是指在真空镀膜仪中，金属在真空中加热蒸发，然后附着于样品表面。溅射镀膜法是指在惰性气体的低真空中进行辉光放电，把样品放在阴极附近，飞来的金属原子（或分子）附着在金属表面形成薄膜。

本实验采用溅射镀膜法，首先选择完整无损的样品，对样品裁剪后用导电双面胶粘贴到样品台上，保证试样粘到导电胶表面并保持平整。将制备好的样品台放置于离子溅射镀膜仪内，开始喷金，待完成喷金处理后关闭设备，将样品取出，以备完成扫描电镜观察。

2. 电镜扫描观察

（1）接通电源，将仪器后面漏电断路器置于"ON"处，打开仪器前面板的"POWER"键，同时往里平推"Exchange"键，观察真空 LED 显示器，排真空。

（2）与此同时，将联机的计算机打开，并在学院共享文件夹内，建立各自的文件夹，以存储扫描照片。

（3）待样品室真空释放完全时，会发出嘟嘟两声提示音，表明样品室气压处于大气状态，此时可将样品室拉出。

（4）利用专用工具将样品室内遗留的样品取出，调节样品架处于初始位置，换上待测样品。

（5）检查样品室进口处垫圈是否贴合，然后将样品室门往里平推，确保样品室封闭完全。

（6）再次往里平推"Exchange"键，观察真空 LED 显示器，抽真空。

（7）待样品室完全处于真空状态时，会发出嘟嘟两声提示音，表明此时可以开始进入测试。

（8）单击桌面"SNE-3000M"图标，在单击"Start Scanning"，进入测试界面，如图 2-7 所示。

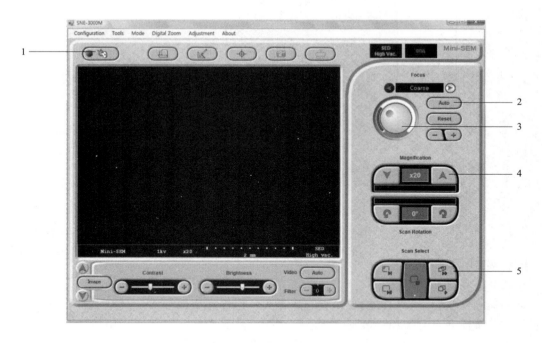

图 2-7　NE-3000M 型扫描电子显微镜操作界面
1—开始扫描按钮　2—自动扫描按钮　3—位移调整按钮
4—放大倍数设定按钮　5—扫描和选择图片

（9）此时软件进入自动调节扫描状态，通过点击"Magnification"键选择适合的放大倍数，然后鼠标左键点击"位移调整按钮"，左右移动，待图像最清楚时再次点击左键，完成调焦。

（10）单击右下角"🖼"键快速查看扫描图片质量，如图片质量不佳，重复步骤（9）；反之单击"🖼"键，并单击"Image"选项中"Auto"按钮，接着单击"🖼"键，后保存图片至设定的文件夹内。

（11）完成实验后，若需更换样品，首先需单击"Start Scanning 🔘"键，停在扫描界面处于工作状态，然后往里平推"Exchange"键，观察真空 LED 显示器，排真空；再重复步骤（4）~（10）。

（12）完成所有实验后，首先需单击"Start Scanning 🔘"键，退出软件扫描界面；然后直接点击仪器前面板的"Power"键，再将仪器后面漏电断路器置于"Off"处；最后关闭联机计算机和电源开关，并整理实验台面。

五、实验结果

常见纤维横纵截面形态特征如表 2-8 所示。

表 2-8　常见纤维横纵截面形态特征

纤维种类	横截面特征	纵向形态特征
棉	腰圆形，有中腔	天然转曲
木棉	不规则圆形，中空度高	有不均匀凸痕，无转曲
苎麻	腰圆形，有中腔，有发散状裂纹	纤维较粗，有横节竖纹
亚麻	扁圆形，有中腔	有横节竖纹
大麻	不规则，有缝隙孔洞	有横节竖纹
羊毛	圆形，有髓腔，细羊毛无髓腔	有鳞片，呈环形或瓦形，天然卷曲
山羊绒	圆形	鳞片较薄，张角小
兔毛	近似圆形，有髓腔	鳞片较小，表面光滑
蚕丝	不规则三角形	平直光滑，富有光泽
黏胶	不规则锯齿形，有皮芯结构	光滑，有沟槽
涤纶	圆形	平直光滑
锦纶	近似圆形	均匀光滑，有光泽
腈纶	近似圆形或哑铃形	轻微条纹
维纶	腰圆形，哑铃形或圆形，有皮芯结构	平直，有 1~2 沟槽
丙纶	圆形	平直光滑
氯纶	近似圆形	平直光滑，有 1~2 沟槽
氨纶	呈蚕豆状或三角形	平直光滑

各种纤维的横纵截面电镜如图 2-8~图 2-13 所示。

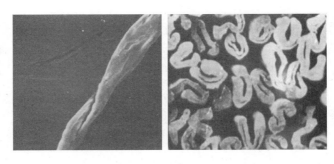

图 2-8　棉纤维横纵截面

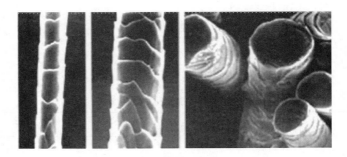

图 2-9　细羊毛横纵截面

图 2-10　狗毛纤维横纵截面

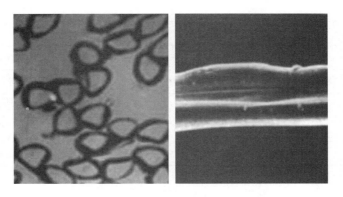

图 2-11　丝纤维横纵截面

图 2-12　涤纶横纵截面

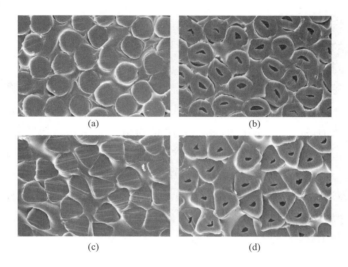

(a)　　　　　　　　　　(b)

(c)　　　　　　　　　　(d)

图 2-13　异形截面纤维横截面

第三章　纺织服装用纱线结构与性能的测试

第一节　纺织服装用纱线线密度测试

　　纱线的线密度指标有两类，即直接指标和间接指标。直接指标用纱线的直径来表示。间接指标是利用纱线的长度和重量间的关系来间接表示纱线的线密度。由于纱线是柔性体，截面并非圆形，在不同外力作用下可能呈椭圆形、跑道形、透镜形等形状，且纱线表面有毛羽，截面形状不规则，易变形，较难实际测量，故纱线的线密度常用间接指标表示。其间接指标有定长制（特克斯和旦尼尔）和定重制（公制支数、英支支数）两种。定长制是指一定长度纱线的重量，它的数值越大，表示纱线越粗。定重制指一定重量纱线的长度，它的数值越大，表示纱线越细。

　　纱线的线密度（细度）表示纱线的粗度程度，纱线的线密度对织物的品种、风格、用途和力学性能等有很大影响。线密度低的纱线其强力相对较低，织物较为轻薄，单位面积克重小，适于春夏季轻薄型衣料。而线密度高的纱线其强力较高，织物厚实，单位面积克量也较大，故适用于秋冬季中厚型衣料。

一、实验目的

　　掌握纱线类别与纱线支数的测试。要求认识常规纱线的外观特征，掌握纱线支数的测试方法，并进行细度指标间的换算。

二、仪器用具与试样

　　仪器用具：YG086 型缕纱测长器，电子天平（灵敏度等于待测重量的千分之一），烘箱。

　　试样：各类纱线。

三、仪器结构原理

　　YG086 型缕纱测长器的结构如图 3-1 所示。在 YG086 型缕纱测长器上可设定绕取圈数，每圈 1m，预加张力可调。设备工作时，电动机带动纱框转动，按规定绕取一定长度的缕纱，将绕取的缕纱在天平上称量，经过计算得到纱线的线密度。可参阅现行国标 GB/T 4743—2009《纺织品　卷装纱　绞纱法线密度的测定》；GB/T 14343—2008《化学纤维　长丝线密度试验方法》。

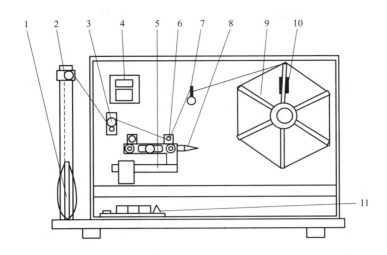

图 3-1　YG086 型缕纱测长器

1—纱锭杆　2—导纱钩　3—张力调整器　4—计数器　5—张力秤　6—张力检测棒
7—横动导纱钩　8—指针　9—纱框　10—手柄　11—控制面板

四、实验方法与操作步骤

1. 试样准备

（1）取样。从每个卷装样品中绕取 20 缕试验绞纱，绞纱长度 L 满足以下要求。

①线密度小于 12.5tex 时，200m；

②线密度介于 12.5～100tex 时，100m；

③线密度大于 100tex 时，10m。

若按正常的使用方法，取样应从卷装的末端，否则应在卷装的外边抽取。为了避免受损的部分，要舍弃开头或末尾的几米纱。

（2）调湿。根据 GB/T 6529—2008 规定将实验纱线进行预调湿和调湿。在温度为（20±2）℃，相对湿度为 65%±3% 的标准大气下，放置 24h，或连续间隔至少 30min 称重时，质量变化不大于 0.1%。

2. 仪器调节

（1）检查张力秤的砝码在零位时指针是否对准面板上的刻线。

（2）接通电源，检查空车运转是否正常。

（3）确定张力秤上的摇纱张力。

$$摇纱张力 = \frac{1}{6} \times 同时摇纱根数 \times f_0$$

其中 f_0 按表 3-1 选择。

表 3-1　摇纱张力参数 f_0

纱线公称线密度 （tex）	7～7.5	8～10	11～13	14～15	16～20	21～30	32～34	36～40
f_0（cN）	3.6	4.5	6	7.3	9	12.8	16.5	24

3. 操作步骤

根据图3-1所示，将纱管插在纱锭上，引入导纱钩，经张力调整器、张力检测棒、横动导纱钩，然后把纱线端头逐一扣在纱框夹纱片上（纱框应处在起始位置），注意将活动叶片拉起。将计数器定长拨盘拨至规定圈数，将调速旋钮调在200r/min上，使纱框转速为200r/min。计数器电子显示清零。接通电源，按下"启动"按钮，纱框旋转到规定圈数自停。在纱框卷绕缕纱时特别要注意张力秤上的指针是否指在面板刻线处，即卷绕时张力秤处于平衡状态。如不对，先调整张力调整器，使指针指在刻线处附近，少量的调整可通过改变纱框转速来达到。卷绕过程中，指针在刻线处上下少量波动是正常的。张力秤不处在平衡状态下摇的缕纱要作废。将绕好的各缕纱头尾打结接好，接头长度不超过1cm。将纱框上活动叶片向内档落下，逐一取下各缕纱后将其回复原位。重复上述动作，摇取第二批缕纱。操作完毕，切断电源。用天平逐缕称取缕纱质量（g），然后将全部缕纱在规定条件下用烘箱烘至恒定质量（即干燥质量）。若已知回潮率，可不烘燥。

五、实验结果

1. 纱线线密度计算

我国线密度的法定计量单位为特克斯（tex），它是指1000m长纱线在公定回潮率时的重量克数，目前我国棉纱线、棉型化纤纱线和中长化纤纱线的线密度规定采用特克斯为单位。采用绞纱称重法来测定纱线的特数：绞纱周长为1m，每缕100圈，每批纱线取样后摇30绞，烘干后称总重量，将总重量除以30，得每绞纱的平均干量。根据式（3-1）可求得所测纱线的线密度，单位为特克斯（tex）。化纤长丝还用旦尼尔（D）作为细度单位，采用绞纱称重法来测算长丝纱的细度，按照式（3-2）计算。在毛纺和绢纺生产中，习惯采用公制支数为单位。采用绞纱称重法来测算纱线的公支支数：绞纱周长为1m，每绞精梳毛纱为50圈，每绞粗梳毛纱为20圈，每批纱取样后摇20绞，烘干后称总重，求得每绞纱的平均干态质量后，按式（3-3）计算所测纱线的公制支数。习惯上，很多面纱企业以英制支数作为细度指标，计算方式如式（3-4）所示。

$$N_{\text{tex}} = \frac{G_0(1 + W_k) \times 1000}{L} \tag{3-1}$$

$$N_{\text{den}} = \frac{G_0(1 + W_k) \times 9000}{L} = 9 \times N_{\text{tex}} \tag{3-2}$$

$$N_{\text{m}} = \frac{L}{G_0(1 + W_k)} = \frac{1000}{N_{\text{tex}}} \tag{3-3}$$

$$N_{\text{e}} = \frac{C}{N_{\text{tex}}} \tag{3-4}$$

式中：N_{tex}——纱线特数，tex；

N_{den}——纱线旦数；

N_{m}——纱线公制支数，公支；

N_{e}——纱线英制支数，英支；

G_0——烘干绞纱的质量；

L——绞纱的长度；

W_k——被试验纱线的公定回潮率；

C——常数，590.5（纯化纤）或583（纯棉纱）。

2. 纱线线密度变异系数（即百米质量变异系数）

$$CV = \frac{1}{\bar{x}} \sqrt{\frac{\sum x^2 - \frac{\left(\sum x\right)^2}{n}}{n-1}} \times 100\% \qquad (3-5)$$

式中：x——个体试样绞纱的质量；

$\bar{x}$——x的平均数；

n——试验绞纱数。

3. 纱线百米质量偏差

$$纱线百米质量偏差 = \frac{纱线实际线密度 - 纱线公称线密度}{纱线公称线密度} \times 100\% \qquad (3-6)$$

常见纱线的公定回潮率参考表2-8。

若为混纺纱线，公定回潮率按混纺组分的纯纺纱线的公定回潮率（%）和混纺比例加权平均而得，取一位小数，以下四舍五入，其计算公式如下：

$$W_k(\%) = \frac{\sum_{i=1}^{n} P_i W_i}{100} \times 100\%$$

式中：W_k——混纺纱的公定回潮率；

W_i（$1<i<n$）——混纺各组分的纯纺纱线的公定回潮率；

P_i——混纺各组分的干燥重量比。

第二节　纺织服装用纱线捻度的测试

捻度是指纱线沿轴向一定长度的捻回数，单位通常以每米的捻回数来表示即（捻/m），有时也以每厘米的捻回数来表示即（捻/cm）。纱线捻度会影响纱线其至织物的一系列性能，包括强力、弹性、光泽、手感、透气性、耐磨性等，是一个重要参数。加捻对于短纤维是必要的步骤，使其获得连续性以及一定的强力、弹性、光泽和手感等；对于长丝纱和股线，加捻是为了使纱线结构更紧密，增强横向抗破坏能力。

一、实验目的

通过实验，熟悉 Y331LN 型纱线捻度仪的结构，掌握操作方法，判断单纱和股线的捻向并实测捻度，计算纱线的捻系数、捻度不匀率及股线的捻缩。了解捻度对纱线和织物的性能影响。

二、仪器用具与试样

仪器用具：Y331LN 型纱线捻度仪、分析针、剪刀。

试样：单纱和股线各一种。

三、仪器结构原理

Y331LN 型纱线捻度仪结构如图 3-2 所示。一般股线捻度测定采用直接计数法，单纱测定采用退捻加捻法。可参阅现行国标 GB/T 2543.1—2015《纺织品　纱线捻度的测定　第 1 部分：直接计数法》和 GB/T 2543.2—2001《纺织品　纱线捻度的测定　第 2 部分：退捻加捻法》。

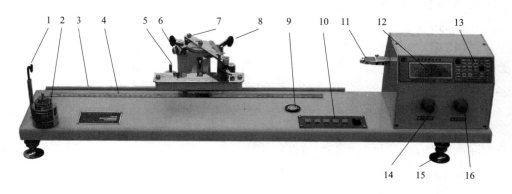

图 3-2　Y331LN 型纱线捻度仪

1—导纱钩　2—备用砝码　3—导轨　4—试验刻度尺　5—伸长标尺　6—张力砝码
7—张力导向轮　8—张力机构及左夹持器　9—水平指示　10—电源开关及常用按钮
11—右夹持器及割纱刀　12—显示器　13—键盘　14—调速钮Ⅰ　15—可调地脚　16—调速钮Ⅱ

退捻加捻法指试样进行退捻和反向再加捻，直到试样达到其初始长度。实际纱线捻回数即为计数器上的捻回数的一半。短纤维纱适用退捻加捻法。

直接计数法指在规定张力下，夹住一定长度纱线的两端，旋转试样一端使其退捻，直到纱线内纤维和纱线轴向平行为止，从而得到捻回数的方法，退去的捻度即为试样在该长度内的捻回数。一般股线纱适用直接计数法。

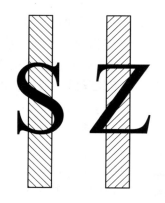

图 3-3　S 捻和 Z 捻示意图

四、实验方法与操作步骤

1. 试样准备

按规定的方法要求进行取样，并根据 GB/T 6529—2008《纺织品　调湿和试验用标准大气》规定的要求进行预调湿和调湿，时间不少于 4h。

2. 捻向的确定

纱线加捻方向，分别根据纤维在单纱上或单纱在股线上的倾斜方向不同，分为 Z 捻和 S 捻两种，如图 3-3 所示。鉴别的方法为握持纱线一端，并使其一小段悬挂（至少 100mm），观察悬垂部分纱线的倾斜方向，与字母 S 中间部分一致的为 S 捻，与 Z 中间部分一致的为 Z 捻。

3. 仪器调整

调节捻度仪主体水平，按表 3-2、表 3-3 调整左、右纱夹间的距离和预加张力。按"测速"键，再按"复位"键进入复位状态，在复位状态下设置试验参数。在复位状态下按"测速"键，右夹持器转动，显示当前转速。调节转速旋钮可改变转速（棉纱线、长丝为 1500r/min 左右；毛、麻纱线为 750r/min 左右）。按复位键返回初始状态。

4. 操作步骤

（1）单纱退捻加捻法试验。将试样插入纱架，调节其倾斜度，在确保捻度不变的情况下，使纱线顺利经导纱钩引出。将试样一端夹入移动夹钳内，弃去试样始端数米。剪断右纱夹外露的纱头，使之短于 1cm。使显示器显示数字清零。按开机键后，开始退捻并反向加捻，当弧指针回零自停后，记下显示数。此时显示数为实际捻回数的 2 倍。按规定次数重复测试，各试样之间应有 1m 以上的间隔。

表 3-2 各类单纱捻度测定的主要参数

类别	捻系数（α）	试样长度（mm）	预加张力（cN/tex）	试验次数
棉纱		10 或 25	0.5±0.1	50
粗梳毛纱		25 或 50	0.5±0.1	50
韧皮纤维		100 及 250	0.5±0.1	50
精梳毛纱	<80	25 或 50	0.1±0.02	50
	80~150	25 或 50	0.25±0.05	50
	>150	25 或 50	0.5±0.05	50

（2）股线直接计数法。将试样插入纱架，试样不受外界影响下引出导纱钩。将试样一端夹入移动夹钳内，弃去试样始端数米。剪断右纱夹外露的纱头，使之短于 1cm。使显示器显示数字为零。按开机按键，开始反向解捻，当股线内单纱全部分开为止。记录捻回数。按规定次数重复测试，各试样之间应有 1m 以上的距离。

表 3-3 各类股线和缆绳捻度测定的技术条件

类别	捻度（捻/m）	试样长（mm）	预加张力（cN/tex）	试验次数
复丝	<40	250	0.5	20
	40~100	250 及 500	0.5	20
	>100	250 及 500	0.5	20
股线或缆线	所有捻度	250	0.5	20

五、实验结果

棉纱及棉型纱线采用特制捻度 T_t，即 10cm 长度内的捻回数；精梳毛纱及化纤长丝采用公制捻度 T_m，即每米长度内的捻回数。

1. 特数制实际捻度 T_t

$$T_t = \frac{\text{试样捻回数总和}}{\text{试样夹持长度}(\text{mm}) \times n} \times 100(\text{捻}/10\text{cm})$$

2. 公制支数制实际捻度（T_m）

$$T_m = \frac{\text{试样捻回数总和}}{\text{试样夹持长度}(\text{mm}) \times n} \times 1000(\text{捻}/\text{m})$$

3. 特数制捻系数（α_t）

$$\alpha_t = T_t \times \sqrt{N_t}$$

4. 公制支数制捻系数（α_m）

$$\alpha_m = T_m / \sqrt{N_m}$$

5. 捻度偏差率

$$\text{捻度偏差率} = \frac{\text{实际捻度} - \text{设计捻度}}{\text{设计捻度}} \times 100\%$$

6. 捻度不匀率（H）

$$H = \frac{2n_1(\overline{X} - \overline{X_1})}{n\overline{X}} \times 100\%$$

式中：$\overline{X}$——平均捻度；

$\overline{X_1}$——平均捻度以下的平均数；

n_1——平均数以下次数；

n——实验总次数。

7. 捻缩（μ）

$$\mu = \frac{L - L_0}{L_0} \times 100\%$$

式中：L——加捻后长度；

L_0——加捻前长度。

注：计算结果精确到小数点后一位。

第三节　纺织服装用纱线毛羽的测试

纱线毛羽是指伸出纱线主体的纤维端或纤维圈，包括端毛羽、圈毛羽、浮游毛羽、假圈毛羽。毛羽在纱线性质中是比较重要的指标。毛羽的性状（长短、形态）分布受纤维特性、纺纱方法、纺纱工艺参数、捻度、纱线的线密度的影响。毛羽的状态视具体用途而论，对于需要表面光洁，手感滑爽，色彩鲜明的织物，纱线毛羽应尽可能短而少；而对于厚重织物、起毛保暖织物，则要求毛羽多而长。纱线的毛羽有时会增加后道织造加工的难度。

一、实验目的

熟悉纱线毛羽仪的结构和原理，掌握纱线毛羽仪的操作。通过毛羽测量，了解测试方法以及试验结果计算与分析。

二、仪器用具与试样

仪器用具：YG171B-2 型纱线毛羽测试仪。

试样：单纱和股线各一种。

三、仪器结构原理

YG171B-2 型纱线毛羽测试仪结构如图 3-4 所示。其原理是根据投影计数，利用光电原理，当纱线连续通过检测区时，凡是超过设定长度的毛羽会遮挡光线，使光敏元件产生信号并计数，得到纱线单侧的单位长度内毛羽数，称为毛羽指数。投影是一个平面成像，所以只记录一个侧面的毛羽数，但与总毛羽数成正比。

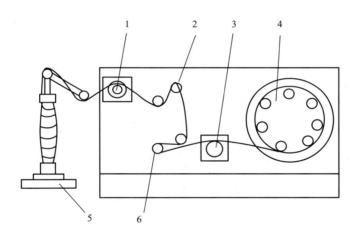

图 3-4　YG171B-2 型纱线毛羽测试仪

1—前张力器　2—导纱轮　3—后张力器　4—绕纱盘　5—纱管架　6—测长轮

四、实验方法

毛羽的检测一般可以分为两大类：投影计数法和漫反射法。目前主要采用前者。可参考 FZ/T 01086—2000《纺织品　纱线毛羽测定方法　投影计数法》。

1. 试样准备

（1）取样。从样品中随机抽取，应选取未受损伤、擦毛或被污染的样品，每卷装至少测 10 次。

（2）调湿。根据 GB/T 6529—2008 规定将试验纱线进行预调湿和调湿，在温度为（20±2）℃，相对湿度为（65±3）%的标准大气下，放置 24h，或连续间隔至少 30min 称重时，质量变化不大于 0.1%。

2. 仪器调节

接通主机及打印机电源，仪器进入待机状态，预热 20min。在待机状态下进行如表 3-4 参数设置，包括片段长度、测试速度、试验次数、纱线品种、打印设置等及其他设置。

表3-4 试验参数设定

纱线种类	毛羽设定长度（mm）	纱线片段长度（mm）	测量速度（m/min）
棉纱线及棉型纱线	2	10	30
毛纱线及毛型纱线	3	10	30
中长纤维纱线	2	10	30
绢纺纱线	2	10	30
苎麻纱线	4	10	30
亚麻纱线	2	10	30

3. 实验步骤

舍弃1m纱端，以正确的方式在设备上引纱，调整张力使纱线的抖动尽可能小，一般毛纱线张力为（0.25±0.025）cN/tex，其余为（0.5±0.1）cN/tex，进行测试直至仪器自停，记录数据和结果。

五、指标计算

通常评价纱线毛羽的指标有以下三种：

1. 毛羽指数（η）

毛羽指数是指单位长度纱线的单侧伸出长度超过某设定值的毛羽累计数（根/m）。

2. 毛羽长度

毛羽长度是指纤维端或圈伸出纱线基本表面的长度。

3. 毛羽量

毛羽量是指纱线上一定长度内毛羽的总量。

4. 毛羽指数的变异系数（CV）

$$CV = \frac{1}{\bar{x}}\sqrt{\frac{\sum x^2 - \dfrac{(\sum x)^2}{n}}{n-1}} \times 100\%$$

式中：x——个体试样绞纱的毛羽指数；

  $\bar{x}$——x的平均数；

  n——试验数。

将试验结果保留三位有效数字，根据测试结果，对纱线进行评级。

第四节 纺织服装用纱线条干均匀度测试

纱线条干均匀度又称为纱线细度均匀度，是纱线品质（包括粗纱、细纱和条子）的重要指标之一。纱线细度不匀一般指沿纱线长度方向各个截面面积或直径粗细不匀，也可能是纱线中纤维随机分布产生的不匀，或者生产加工过程中机械作用产生的不匀。

一、实验目的与要求

掌握纱线条干测试仪的原理与操作，了解棉、毛、化纤等短纤维纯纺和混纺的粗纱条、细纱的均匀度测试，熟悉纱线条干均匀度的分析和评价。

二、仪器用具与试样

仪器用具：YG133B 型纱线条干均匀度测试仪。

试样：几种管纱。

三、仪器结构原理

测量纱线细度不匀的方法包括片段长度称重法、黑板条干对比法、电容法和光电法。目前广泛使用的是电容法。参考采用标准：GB/T 3292.1—2008《纺织品　纱线条干不匀试验方法　第 1 部分：电容法》、ASTM D1425/D1425M—2009《用电容测试设备测定纱线条干不匀度的标准试验方法》。电容法检测纱线不匀率主要利用平行极板间的空气电容器在纱线通过的时候产生电容值的变化，从而转化成信号，经过计算机处理得到纱线细度不匀率、纱疵数、波谱图及曲线图等。YG133B 型纱线条干均匀度测试仪结构如图 3-5所示。

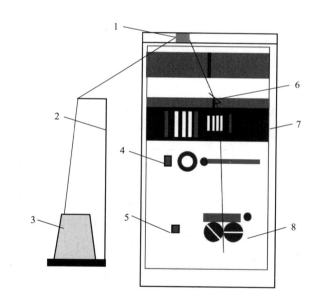

图 3-5　YG133B 型纱线条干均匀度测试仪
1—导纱器　2—纱锭杆　3—管纱　4—电源开关　5—胶辊脱开按钮
6—张力器　7—细纱、粗纱、粗条测试槽　8—胶辊罗拉

四、实验方法

1. 试样准备

（1）取样。随机抽取试样，每组试样至少 10 个，取样长度至少大于表 3-5 设置长度。

表 3-5　试样测试参数设置

试样类型	长度（m）	不匀曲线量程	退绕速度（m/min）
条子	50	±25%	25
粗纱	100	±50%	50
短纤维纱	400	±100%	400
长丝纱	400	±10%或12.5%	400

（2）调湿。根据 GB/T 6529—2008 规定将试验纱线进行预调湿和调湿，在温度为（20±2）℃，相对湿度为 65%±3% 的标准大气下，放置 24h，或连续间隔至少 30min 称重时，质量变化不大于 0.1%。

2. 仪器调节与设置

（1）打开电源开关，仪器预热 20min。

（2）输入样品信息如细密度、试样类型等。根据表 3-6 选取速度和时间以及测试槽和检测量程值。

表 3-6　试样测试速度与时间

试样	测试速度（m/min）	测试时间（min）	测试槽	量程（%）
细纱	400	1	5 槽、4 槽	100%、50%
细纱	200	1，2.5	5 槽、4 槽	100%、50%
细纱	100	2.5	5 槽、4 槽	100%、50%
细纱/粗纱	50	5	3 槽	50%
细纱/粗纱/条子	25	5，10	3 槽	50%
粗纱/条子	8	5，10	3 槽	50%
条子	4	5，10	2 槽、1 槽	50%、25%、12.5%

3. 实验步骤

设定所有的测试参数后，可以对选定的纱样进行测试。首先无料调零，然后按照表 3-7 选择好合适的测试槽后，将纱线按照图 2-4 从纱架上牵引入经过导纱器，从张力器到测试区，最后到胶辊罗拉。最后放开开关，使罗拉闭合直至测试停止，计算和处理测试指标。

表 3-7　测试槽纱号范围

槽号 / 纱支数	1	2	3	4	5
g/m	80~12.1	12.0~3.301	3.30~0.167		
Grains/yd	1136~170.4	170.3~46.9	46.53~2.256		
Nm		~0.302	0.303~6.24	6.25~47.5	47.6~250
Nec	~0.048	0.049~0.178	0.179~3.68	28.0~3.69	147.6~28.1
Nem	0.011~0.073	0.074~0.267	0.268~5.53	5.54~42.1	42.2~221
tex		~3301	3300~160.1	160.0~21.1	21.0~4.0

五、实验结果

纱条条干不匀的测试结果可得以下几项指标：*CV* 值、千米纱疵数、不匀曲线图、波谱图、平均值系数 *AF* 值、偏差率 *DR* 值、变异长度曲线图等。千米纱疵数保留整数，其余保留两位小数。

第五节　纺织服装用纱线单纱强度、伸长率测试

目前我国毛纱线及毛型化纤纱线采用单纱强力的断裂长度表示纱线的强度。棉纺厂、织布厂为了考核经纱上浆的效果，以降低布机断头率，提高产品品质，也经常测定经纱的单纱强力和断裂伸长率。此外，化纤长丝的强力和断裂伸长率也在单纱强力试验机上测定。

随着纺织测试仪器自动化程度的提高，全自动单纱强力试验机将逐渐取代普通单纱强力机。棉纱线及棉型化纤纱线也将逐渐采用单纱强力和断裂长度来表示纱线的强度。本试验采用的 YG023A 型单纱强力试验机，属于等速牵引强力试验机。

一、实验目的

熟悉 YG023A 型全自动单纱强力机测定单根纱线的断裂强力和断裂伸长率。通过试验，掌握单纱强力机的结构和操作方法。参考国家标准 GB/T 3916—2014《纺织品　卷装纱线断裂强力和断裂伸长率》。

二、仪器用具与试样

仪器用具：实验仪器为 YG023A 型全自动单纱强力机。

试样：不同品种的纱线。

三、仪器结构原理

YG023A 型全自动单纱强力机结构如图 3-6 所示。该强力机采用测力传感器，将试样所受力转变成信号，经放大得到与受力大小成正比的信号，显示负荷值与断裂强力。试样被拉伸后形成的变形量通过计数电路显示为试样的变形量和断裂伸长。

四、实验方法

1. 试样准备

按规定的方法要求进行取样，单种纱线应测试 100 根，并根据 GB/T 6529—2008《纺织品　调湿和试验用标准大气》规定的要求进行预调湿和调湿。

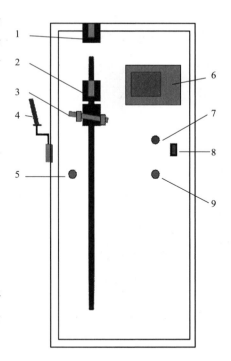

图 3-6　YG023A 型全自动
单纱强力机

1—上夹持器　2—下夹持器　3—张力调整器
4—纱锭杆　5—上夹持器夹紧按钮　6—控
制面板　7—夹持器释放按钮
8—电源开关　9—拉伸开关

2. 仪器调整

测试前 10min 预热仪器，确定隔距和拉伸速率。隔距一般采用 500mm，伸长率大的选择 250mm。若选择 500mm，则采用的拉伸速率为 500mm/min，如果是 250mm，则选择 250mm/min。

选择预加张力，调湿试样为（0.5±0.10）cN/tex，湿态试样为（0.25±0.05）cN/tex，变形纱预加张力请查询标准 GB/T 3916—2013。

3. 操作步骤

将纱线经过导纱器进入上、下夹持器钳口后夹紧上夹持器，然后夹紧下夹持器，按拉伸开关进行测试，获得试验数据。

五、指标计算

经过测试可以获得单次的断裂强力和伸长率值，根据下列公式进行计算和分析，获得平均断裂强力，断裂强度，平均断裂伸长率，断裂强力和伸长的标准差（均方差）及变异系数。

1. 平均断裂强力

$$平均断裂强力（cN）= \frac{强力观测值总和}{实验总次数}$$

2. 平均断裂伸长率

$$平均断裂伸长率 = \frac{伸长观测值总和（mm）}{试验次数 × 名义隔距长度（mm）} × 100\%$$

3. 标准差（S）

$$S = \sqrt{\frac{\sum (x - \bar{x})^2}{n - 1}}$$

4. 变异系数（C）

$$C = \frac{S}{\bar{x}} × 100\%$$

式中：S——标准差；

　　C——变异系数；

　　n——试验次数；

　　x——观测值；

　　$\bar{x}$——全部观测值的平均值。

第四章　纺织服装用织物结构与性能的测试

第一节　纺织服装用织物的结构测试

一、实验目的
掌握如何辨别织物的正反面、经纬向等测试原理。

二、仪器用具与试样
剪刀、镊子、放大镜、密度镜、电子天平、机织物。

三、基本原理
1. 确定织物的正反面

对布样进行分析工作时，首先应确定织物的正反面。织物的正反面一般是根据其外观效应加以判断。下面举例一些常用的判断方法。

（1）一般织物正面的花纹、色泽均比反面清晰美观。

（2）具有条格外观的织物和配色模纹织物，其正面花纹必然是清晰悦目的。

（3）凸条及凹凸织物，正面紧密而细腻，具有条状或图案凸纹，而反面较粗糙，有较长的浮长线。

（4）起毛织物中，单面起毛织物，其起毛绒的一面为织物正面；双面起毛织物，则以绒毛均匀、整齐的一面为正面。

（5）观察织物的布边，如布边光洁、整齐的一面为织物正面。

（6）双层、多层及多重织物，如正反面的经纬密度不同时，则一般正面具有较大的密度或正面的原料较佳。

（7）纱罗组织，纹路清晰经纬突出的一面为织物正面。

（8）毛巾织物，以毛圈密度大的一面为正面。

多数织物的正反面都有明显的区别，但也有不少织物的正反面极为近似、两面均可应用。因此，对这类织物可不强求区别其正反面。

2. 确定织物的经纬向

在确定织物的正反面后，就需判断出织物中哪个方向是经纱，哪个方向是纬纱，这对分析织物密度、经纬纱线密度和织物组织等项目来说，是先决条件。区别织物经纬向的主要依据如下：

（1）如被分析织物的样品是有布边的，则与布边平行的纱线便是经纱，与布边垂直的则是纬纱。

（2）含有浆的是经纱，不含浆的是纬纱。

（3）一般织物中，密度大的一方为经纱，密度小的一方为纬纱。

（4）筘痕明显的织物，通过筘痕方向来判断经纬向则筘痕方向为织物的经向。

（5）织物中若纱线的一组是股线，而另一组是单纱时，则通常股线为经纱，单纱为纬纱。

（6）若单纱织物的成纱捻向不同时，则 Z 捻纱为经纱，而 S 捻纱为纬纱。

（7）若织物成纱的捻度不同时，则捻度大的多数为经纱，捻度小的为纬纱。

（8）如织物的经纬纱线密度、捻向、捻度都差异不大，则纱线的条干均匀、光泽较好的为经纱。

（9）毛巾类织物，其起毛圈的纱线为经纱，不起圈者为纬纱。

（10）条子织物，其条子方向通常是经纱。

（11）若织物有一个系统的纱线具有多种不同纱线密度时，这个方向则为经向。

（12）纱罗织物，有扭绞的纱线为经纱，无扭绞的纱线为纬纱。

（13）在原料不同交织的织物中，一般棉毛或棉麻交织的织物，棉为经纱；毛丝交织物中，丝为经纱；毛丝交织物中，则丝、棉为经纱；天然丝与绢丝交织物中，天然丝为经纱；天然丝与人造丝交织物中，则天然丝为经纱。

（14）由于织物用途极广，因而对织物原料和组织结构的要求也多种多样，因此在判断时，还要根据织物的具体情况进行确定。

3. 织物密度分析

机织物经、纬密度是指织物纬向或经向单位长度内经纱或纬纱根数，一般以 10cm 长度内经纱或纬纱根数表示；针织物横密是沿织物横向在 5cm 内的线圈纵行数，针织物纵密是沿织物纵向在 5cm 内的线圈横列数。织物密度只能对纱线粗细相同的织物间进行比较。紧度是用纱线特（支）数和密度求得的相对指标，藉此可对纱线粗细不同的织物间进行紧密程度的比较。织物密度和紧度的大小，直接影响织物的外观、手感、厚度、强力、透气性、保暖性和耐磨性等物理机械指标，因此在产品标准中对各种织物规定了不同的密度和紧度。了解织物的紧度，可为设计或仿制新的织物品种提供依据，并为织物性质的理论计算提供参数。

织物密度测试实验方法与步骤如下：

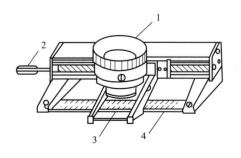

图 4-1　往复移动式织物密度计

1—放大镜　2—转动螺杆　3—刻度线　4—刻度尺

（1）直接测数法。

①往复移动式织物密度计法（图 4-1）。常用的织物密度计由放大镜、转动螺杆、刻度线和刻度尺组成。试验时将织物密度计平放在织物上，刻度线沿经纱或纬纱方向（针织物沿线圈纵行或横列方向），然后转动螺杆，将刻度线与刻度尺上的零点对准，用手缓缓转动螺杆，计数刻度线所通过的纱线根数（或线圈数），直至刻度线与刻度尺的 50mm 处相对齐，即可得出织物在 50mm 中的纱线根数（或

圈数）。

机织物的经纱或纬纱密度用 10cm 内的纱线数表示。检验密度时，把密度计放在布匹的中间部位（距布的头尾不少于 5m）进行。纬密必须在每匹经向不同的 5 个位置检验，经密必须在每匹的全幅上同一纬向不同的 5 个位置检验，每一处的最小测定距离按表 4-1 规定进行。

表 4-1　密度测试时的最小测定距离

密度（根/cm）	10 以下	10~25	25~40	40 以上
最小测定距离（cm）	10	5	3	3

点数经纱根数或纬纱根数，需精确至 0.5 根。点数的起点均以在 2 根纱线间空隙的中间为标准。如迄点到纱线中部为止，则最后一根纱线计作 0.5 根，凡不足 0.25~0.75 根计作 0.5 根，超过 0.75 根计作 1 根。

用于工厂内部作为质量控制等的常规试验，可在普通大气中进行。幅宽在 114cm 及以下的织物，经密测定次数可减至 3 次，纬密测定次数可为 4 次。

对机织物应将测得一定长度内纱线的根数，分别求出算术平均数。密度计算精确至 0.01 根，然后按数字修约规则进行修约。

②织物分解点数法：凡不能用密度计数出纱线的根数时，可按上述规定的测定次数，在织物的相应部位剪取长、宽各符合最小测定距离要求的试样，在试样的边部拆去部分纱线，再用小钢尺测量试样长、宽各达规定的最小测定距离，允差 0.5 根纱。然后对准备好的试样逐根拆点根数，将测得的一定长度内的纱线根数折算成 10cm 长度内所含纱线的根数，分别求出算术平均数，密度计算精确至 0.01 根，然后按数字修约规则进行修约。

（2）间接推算法。间接推算法适用于检点密度大的，或者纱线特数低的高密度规则组织的织物。首先检点出组织循环的经纱数和纬纱数，然后分别乘以 10cm 长度的组织循环数，其所得的积加上不足一循环的尾数即为织物的经（纬）密度。然后按规定求出经向和纬向密度的算术平均数。

4. 织物紧度计算

在比较不同特数纱线构成的织物紧密程度时，常采用紧度指标。织物的紧度是指织物中纱线投影面积与织物全部面积之比，比值大说明织物紧密，比值小说明织物较稀疏。紧度分为经向紧度、纬向紧度和织物总紧度三种。

$$E_{j} = \frac{d_{j}}{a} \times 100(\%) = \frac{d_{j}}{\frac{100}{P_{j}}} \times 100(\%) = d_{j}P_{j}$$

式中：d_{j}——织物的经纱直径，mm；

　　　P_{j}——织物的经纱密度，根/100mm；

　　　a——两根经纱间的中心距离，mm。

纬向紧度（E_{w}）为纬纱直径与两根纬纱间的距离之比的百分率：

$$E_{w} = \frac{d_{w}}{a} \times 100(\%) = \frac{d_{w}}{\frac{100}{P_{w}}} \times 100(\%) = d_{w}P_{w}$$

式中：d_w——织物的纬纱直径，mm；

　　　P_w——织物的纬纱密度，根/100mm。

织物总紧度（E）为织物中经纬纱所覆盖的面积与织物总面积之比的百分率，计算时可参见图 4-2。

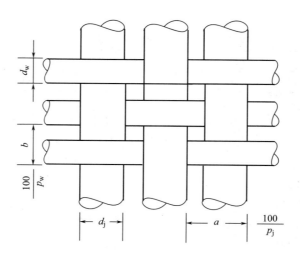

图 4-2　计算织物紧度图解

$$E = \frac{经纬纱线所覆盖的面积}{织物总面积} \times 100\%$$

$$= d_j p_j + d_w p_w - 0.01 d_j d_w p_j p_w = E_j + E_w - 0.01 E_j E_w$$

式中：b——两根纬纱间的中心距离，mm。

经、纬纱线的直径可由纱线特数求得：

$$d = 0.0357 \sqrt{\frac{N_t}{\delta}} \text{ 或 } d = A \sqrt{N_t}$$

式中：N_t——经（纬）纱线的特数；

　　　δ——经（纬）纱线的体积重量，mg/mm³；

　　　A——经（纬）纱线的直径系数。

以上是在纱线呈圆柱形的情况下求得的，没有考虑到由于经纬线在织物中相互挤压而产生的变形，因此所得的结果只是近似值。在计算紧度时，通常经纬纱的紧度小于或等于100%，若大于100%，则说明织物中纱线有重叠。

5. 测定经纬纱缩率

经纬纱缩率是织物结构参数的一项内容。测定经纬纱缩率的目的是为了计算纱线线密度和织物用纱量等。由于纱线在形成织物后，经（纬）纱在织物中交错屈曲，因此织造时所用的纱线长度大于所形成织物的长度。其差值与纱线原长之比值称作缩率，以 a（%）表示，a_j（%）表示经纱缩率，a_w（%）表示纬纱缩率。

$$a_j = (L_{oj} - L_j)/L_{oj} \times 100\%$$

$$a_w = (L_{ow} - L_w)/L_{ow} \times 100\%$$

式中：$L_{oj}(L_{ow})$——试样中经（纬）纱伸直后的长度；

$\qquad$ $L_j(L_w)$——试样中经（纬）向长度。

经纬纱缩率的大小，是工艺设计的重要依据，它对纱线的用量、织物的物理机械性能和织物的外观均有很大的影响。

分析织物时，测定缩率的方法，一般在试样边缘沿经（纬）向量取 10cm 的织物长度（即 L_j 或 L_w），并做记号（试样小时，可量取 5cm 的长度），将边部的纱缨剪短（这样可减少纱线从织物中拨出来时会有意外伸长的情况），然后轻轻将经（纬）纱从试样中拨出，用手指压住纱线的一端，用另一只手的手指轻轻将纱线拉直（给适当的张力，不可有伸长现象）。用尺量出记号之间的经（纬）纱长度（即 L_{oj} 或 L_{ow}）。这样连续做出 10 个数后，取其平均值，代入上述公式中，即可求出 a_j 和 a_w 之值。这种方法简单易行，但精度较差。在测定中应注意：在拨出和拉直纱线时，不能使纱线发生退捻或加捻。对某些捻度较小或强力很差的纱线，应尽量避免发生意外伸长。

6. 概算织物质量

织物质量是指织物每平方米的无浆干燥质量。它是织物的一项重要技术指标，也是对织物经济核算的主要指标，根据织物样品的大小及具体情况，可分为两种试验方法。

（1）称量法。用此方法测定织物质量时，要使用扭力天平、分析天平等工具。在测定织物每平方米的质量时，样品面积一般取 10cm×10cm。面积越大，所得结果就越正确。在称量前，将退浆的织物放在烘箱中烘干，至质量恒定，称其干燥质量，则

$$m = g \times 10^4 / (L \times b)$$

式中：m——样品每平方米无浆干燥质量，g/m^2；

$\qquad$ g——样品的无浆干燥质量，g；

$\qquad$ L——样品长度，cm；

$\qquad$ b——样品宽度，cm。

（2）计算法。在遇到样品面积很小，用称量法不够准确时，可以根据前面分析所得的经纬纱线密度、经纬纱密度及经纬纱缩率进行计算，其公式如下：

$$m = \frac{1}{100(1 + W_\phi)}\left[p_j \times \frac{Tt_j}{1 - a_j} + p_w \times \frac{Tt_w}{1 - a_w}\right]$$

式中：m——样品每平方米无浆干燥质量，g/m^2；

$\qquad$ p_j、p_w——样品的经、纬纱密度，根/10cm；

$\qquad$ a_j、a_w——样品的经、纬纱缩率；

$\qquad$ W_ϕ——样品经、纬纱公定回潮率；

$\qquad$ Tt_j、Tt_w——样品的经纬纱线密度，tex。

7. 分析织物的组成及色纱的配合

对布样做了以上各种测定后，最后应对经纬纱在织物中交织规律进行分析，以求得此种织物的组织结构。在分析过程中，常用到的工具是照布镜、分析针、剪刀及颜色纸等。

常用的织物组织分析方法有以下几种：

（1）拆纱分析法。此方法常应用于起绒织物、毛巾织物、纱罗织物、多层织物和纱线细度低、密度大、组织复杂的织物。

这种方法又可分为分组拆纱法和不分组拆纱法两种。

①分组拆纱法：对于复杂组织或色纱循环大的组织，用分组拆纱法是精确可靠的，此方法的具体内容如下：

a. 确定拆纱的系统：在分析织物时首先应确定拆纱方向，目的是为了看清楚经纬纱交织状态。因而，宜将密度较大的纱线系统拆开，利用密度小的纱线系统的间隙，清楚地看出经纬纱的交织规律。

b. 确定织物的分析表面：究竟分析织物哪一面，一般以看清织物的组织为原则。若是经面或纬面组织的织物，以分析织物的正面比较方便，如灯芯绒织物分析织物的反面；若是表面刮绒或缩绒织物，则分析时应先用剪刀或火焰除去织物表面的部分绒毛，然后进行组织分析。

c. 纱缨的分组：在布样的一边先拆除若干根一个系统的纱线，使织物的另一个系统的纱线露出10mm的纱缨，然后将纱缨中的纱线每若干根分为一组，并将1、3、5…等奇数组的纱缨和2、4、6…等偶数组的纱缨分别剪成两种不同的长度。这样，当被拆的纱线置于纱缨中时，就可以清楚地看出它与奇数组纱和偶数组纱的交织情况。

填绘组织所用的意匠纸若每一大格的纵横方向均为八个小格，正好与每组纱缨根数相同，则可把每一大格作为一组，也分成奇、偶数组，与纱缨所分奇、偶数组对应，这样，被拆开的纱线在纱缨中交织规律，就可以非常方便地纪录在意匠纸的方格上。

②不分组拆纱法：当了解了分组拆纱法后，不分组拆纱方向与分组拆纱相同，此法无须将纱缨分组，只需把拆纱轻轻拨入纱缨中，在意匠纸上记录经纱与纬纱交织的规律即可。

（2）局部分析法。有的织物表面局部有花纹，地布的组织很简单，此时只需要分别对花纹和地布的局部进行分析，然后根据花纹的经纬纱根数和地布的组织循环数，就可以求出一个花纹循环的经纬纱数，而不必一一画出每一个经纬组织点，需注意地组织与起花组织起始点的统一问题。

（3）直接观察法。有经验的工艺员或织物设计人员，可采用直接观察法，依靠视力或利用照布镜，对织物进行直接观察，将观察的经纬纱交织规律，逐次填入意匠纸的方格中。分析时，可多填几根经纬纱的交织状况，以便正确的找出织物的完全组织。这种方法简单易行，主要是用来分析单层密度不大、纱线细度较大的原组织织物和简单的小花纹组织织物。

在分析织物时，除要细致耐心之外，还必须注意组织与色纱的配合关系。对于本色织物，在分析时不存在这个问题。但是多数织物的风格效应不光是由经纬交织规律来体现，往往是将组织与色纱配合而得到其外观效应。因而，在分析这类色纱与组织配合的织物（色织物）时，必须使组织循环和色纱排列循环配合起来，在织物的组织图上，要标注出色纱的颜色和循环规律。

在分析时，大致有如下几种情况：

①当织物的组织循环纱线数等于色纱循环数时，只要画出组织图后，在经纱下方、纬纱左方标注颜色和根数即可。

②当织物的组织循环纱线数不等于色纱循环数时，在这种情况下，往往是色纱循环大于组织循环纱线数。在绘组织图时，其经纱根数应为组织循环经纱数与色经纱循环数的最小公倍数，纬纱根数应为组织循环纬纱数与色纬纱循环数的最小公倍数。

第二节 纺织服装用织物的拉伸断裂测试

一、实验目的

通过实验，掌握织物拉伸性能的测试方法，熟悉织物强力机的操作方法，测试分析织物拉伸性能相应的指标。

二、仪器用具与试样

仪器用具：YG026H-250 型电子织物强力机、钢尺、剪刀等。

试样：不同种类机织物。

三、仪器结构原理

本实验参照 GB/T 3923.1—2013《纺织品 织物拉伸性能 第一部分：断裂强力和断裂伸长率的测定条样法》，该标准中规定使用等速伸长试验仪（CRE），对规定尺寸的织物试样，以恒定的拉伸速度拉伸至断裂，测得其断裂强力和伸长率。

YG026H-250 型电子织物强力机结构如图 4-3 所示。

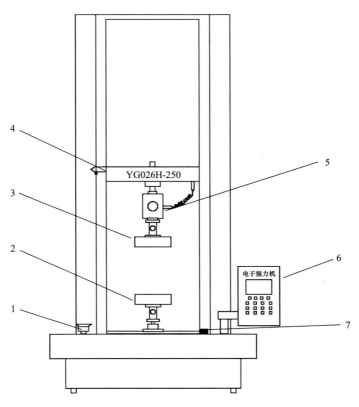

图 4-3 YG026H-250 型电子织物强力机结构示意图

1—启动开关 2—下夹持器 3—上夹持器 4—行车 5—传感器 6—控制箱 7—电源开关

四、实验参数

1. 试样形状尺寸

每块试样的有效宽度是 50mm（不包含毛边），其长度应能满足隔距长度 200mm，如果试样的断裂伸长率超过 75%，应满足隔距长度为 100mm。剪取的长度在隔距是 200mm 时剪取的试样长度为 300~330mm，隔距是 100mm 时剪取的试样长度为 200~230mm，以便于施加张力。

（1）拆边纱法条样。用于一般机织物，剪取的宽度应根据留有毛边的宽度而定，从条样两侧分别拆去数量大致相等的纱线直至符合规定的尺寸。毛边的宽度应保证在实验过程中，纱线不从毛边中脱出，对于一般的机织物，毛边约为 5mm 或 15 根纱线的宽度较为合适，对于紧密的机织物，较窄的毛边即可，对稀松的机织物，毛边约为 10mm。

（2）剪切法条样。用于不易拆边纱的织物，如针织物、非织造布及涂层织物等。将试样直接剪切成规定的尺寸。

2. 隔距长度和拉伸速度

根据织物的断裂伸长率，按照表 4-2 选择相应的隔距和拉伸速度。

表 4-2　断裂伸长率与拉伸速度的关系表

断裂伸长率（%）	隔距长度（mm）	拉伸速度（mm/min）
<8	200	20
8~75	200	100
>75	100	100

3. 预加张力

采用预张力夹持，根据试样的单位面积质量按照表 4-3 选择相应的预加张力。

表 4-3　单位面积质量与预加张力的关系表

单位面积质量（g/m²）	预加张力（N）
<200	2
200~500	5
>500	10

五、实验步骤

1. 准备试样

按照规定尺寸裁剪经纬向试样至少各 5 块，试样应具有代表性，应避开褶皱、褶痕、疵点，距离布边至少 150mm。经纬向试样长度方向应平行于织物的经向或纬向，且不应在同一长度上取样，可以参考图 4-4 取样。样品应在 GB/T 6529—2008 规定的标准大气条件下调湿。

2. 仪器校零

接通电源，打开电源开关，液晶屏幕显示为开机屏显，每次开机及开始新的一组测试前，须按"复位"键，使仪器内存显零。

3. 调整参数

按"F4"键进入测试界面，按照屏幕提示，按照标准的规定要求，选择实验方法，调整

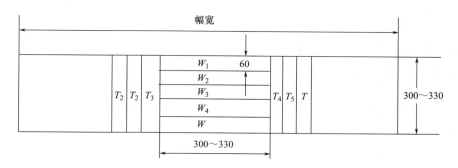

图4-4 织物强力样品剪样图（单位：mm）

设置上下夹钳的隔距长度和拉伸速度。

4. 夹持试样

采用预张力夹持，先将试条的一端夹紧在上夹钳的中心位置，然后将试样的另一端放入下夹钳的中心位置，并在张力棒预加张力的作用下伸直，然后旋动下夹持器手柄，夹紧试样。

5. 测定

（1）按下启动键，拉伸试样至断裂。记录断裂强力和断裂伸长率及相对应的平均值和变异系数。

（2）若试样沿钳口线的滑移不对称或滑移量大于2mm时，舍弃该次实验结果。

（3）如果试样在距离钳口线5mm以内断裂，则记为钳口断裂。当5块试样实验完毕，若钳口断裂值大于5块试样的最小值，可以保留该值；否则，应舍弃该值，另加实验以得到5个"正常"断裂值。

（4）试样拉断后，仪器自动复位到初始位置，重复上述操作，直至完成规定的次数。

六、实验结果

分别记录经纬向断裂强力值（N），其结果<100N，修约至1N；其结果≥100N，且小于1000N，修约至10N；其结果≥1000N，修约至100N。

分别记录经纬向断裂伸长率（%），其结果<8%，修约至0.2%；其结果≥8%，且≤75%，修约至0.5%；其结果>75%，修约至1%。

分别记录经纬向断裂强力和断裂伸长率的变异系数，修约至0.1%。

第三节　纺织服装用织物的顶破性能测试

一、实验目的

通过实验，掌握织物顶破强力的测试方法，了解影响织物顶破性能的因素。

二、仪器用具与试样

仪器用具：HD026N型电子织物强力机、环形夹持器、剪刀等。

试样：不同种类机织物。

三、仪器结构原理

织物在垂直于织物平面的外力作用下破裂的现象称为顶破或胀破，顶破强力是织物在破裂过程中测得的最大值。测试方法有钢球法和胀破法两种。本实验参照 GB/T 19976—2005《纺织品　顶破强力的测定钢球法》，采用 HD026N 型电子织物强力机。钢球法是利用钢球球面来顶破织物。原理是将试样固定在夹布圆环内，圆球形顶杆以恒定的移动速度垂直顶向试样，使试样变形直至破裂，测得顶破强力。

HD026N 型电子织物强力机主要由主机部分（传动机构、强力测试机构、伸长测试机构）、控制箱和打印机等组成，如图 4-5 所示。

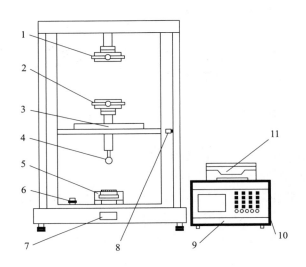

图 4-5　HD026N 型电子织物强力机

1—上夹持器　2—下夹持器　3—传感器　4—顶破金属球　5—顶破夹持器座　6—水平泡
7—产品铭牌　8—启动按钮　9—控制箱　10—电源开关　11—打印机

四、实验参数

试样是直径为 60mm 的圆形；环形夹持器内径为（45±0.5）mm；顶杆头端抛光钢球直径为 25mm 或 38mm；实验机速度为（300±10）mm/min；上下夹持器间的距离为 450mm。

五、实验方法与操作步骤

1. 试样准备

按照规定的尺寸裁剪至少 5 块试样，试样应具有代表性，应避开褶皱、褶痕、疵点，距离布边至少 150mm。可以参考图 4-6 取样。样品应在 GB/T 6529—2008 规定的标准大气条件下调湿 24h。

2. 仪器调整

将球形顶杆和夹持器安装在机器上，保持环形夹持器的中心在顶杆的轴心线上。开机，

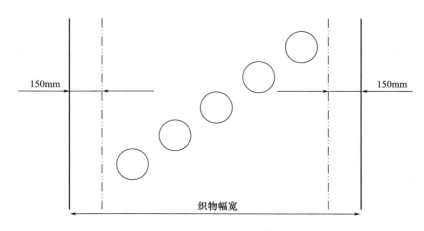

图 4-6　顶破样品裁剪样图

按照屏幕提示，按规定要求，选择实验方法，调整设置上下夹持器之间的长度和速度。

3. 夹持试样

将试样反面朝向顶杆，夹持在夹持器上，保证试样平整、无张力、无折皱。

4. 测定

启动仪器，直至试样被顶破，记录其顶破强力及相应的平均值和变异系数。

如果测试过程中出现纱线从环形夹持器中滑出或试样滑脱，应舍弃该实验结果。在样品的不同部位重复上述实验，至少获得 5 个实验值。

六、实验结果

记录顶破强力的平均值，以牛顿（N）为单位，结果修约至整数位。

记录顶破强力的变异系数，修约至 0.1%。

第四节　纺织服装用织物撕破强力测试

织物在已有破口（剪口）条件下受拉伸力破坏的过程中，常呈现纱线被逐根拉断的现象，表现出其抵抗外力能力较低的性质，而这种撕裂破坏是某些具有专门用途织物的常见损坏方式。撕破实验常用于军服、篷帆、帐篷、雨伞、吊床等机织物，还可用于评定织物经树脂整理、助剂或涂层整理后的耐用性（或脆性）。一般服用织物均需评价其撕破强力。撕破实验不适用于机织弹性织物、针织物及经纬向差异大的织物和稀疏织物。

一、实验目的

通过实验，掌握织物撕破强力的测试方法，了解影响织物撕破性能的因素。

二、仪器用具与试样

仪器用具：YG026H-250 型电子织物强力机、撕破夹持器、钢尺、剪刀等。

试样：不同种类机织物。

三、实验原理

撕破实验方法根据试样裁剪方法和测力方式不同，在 GB/T 3917—2009 中有冲击摆锤法、裤形法（单缝）、梯形法、舌形法（双缝）和翼形法（单缝）。

YG026H-250 型电子织物强力机可以进行裤形法（单缝）、梯形法、舌形法（双缝）和翼形法（单缝）的测试。

1. 裤型法（单缝）

夹持裤型试样的两条腿，使试样切口线在上下夹具之间呈直线。开动仪器将拉力施加于切口方向，记录织物撕裂到规定长度内的撕破强力及其平均值。

2. 梯形法

在试样上画一个梯形，用强力实验仪的夹头夹住梯形的两条不平行的边。对试样施加连续增加的力，使撕破沿试样宽度方向传播，测定平均最大撕破力及其平均值。

3. 舌形法（双缝）

在矩形试样中，切开两条平行切口，形成舌形试样。将舌形试样和试样的其余部分分别固定在夹头中，对试样施加拉力至试样沿切口线撕破。记录织物撕裂到规定长度内的撕破强力及其平均值。

4. 翼形法（单缝）

将一端剪成两翼特定形状的试样，按两翼倾斜于被撕裂纱线的方向进行夹持并施加拉力，使拉力集中在切口处使撕裂沿着预想的方向进行。记录织物撕裂到规定长度内的撕破强力及其平均值。

四、实验参数

1. 试样形状尺寸

（1）裤形试样。按规定长度从矩形试样短边中心剪开，形成可供夹持的两个裤腿状的织物撕破实验试样，尺寸如图 4-7 所示。

（2）梯形试样。标有规定尺寸的、形成等腰梯形的两条夹持试样标记线的矩形织物，梯形的短边中心剪有一规定尺寸的切口，如图 4-8 所示。

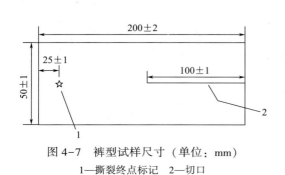

图 4-7 裤型试样尺寸（单位：mm）

1—撕裂终点标记 2—切口

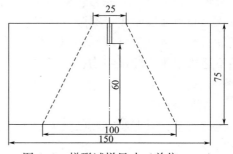

图 4-8 梯形试样尺寸（单位：mm）

（3）舌形试样。按规定的宽度及长度在条形试样规定的位置上切割出一便于夹持的舌状的织物撕破实验试样。如图4-9所示，*abcd* 为标记直线。

（4）翼形试样。一端按规定角度呈三角形的条形试样，按规定长度沿三角形顶角等分线剪开形成翼状的织物撕破实验试样。如图4-10所示，*abcd* 为标记直线。

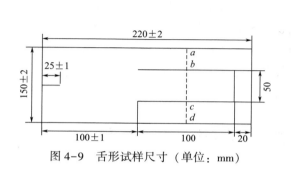

图4-9 舌形试样尺寸（单位：mm）

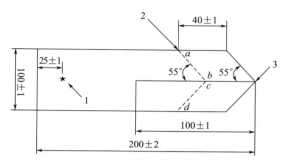

图4-10 翼形试样尺寸（单位：mm）
1—撕裂终点标记 2—夹持标记 3—切口

2. 隔距长度和拉伸速度

隔距长度和拉伸速度参考表4-4。

表4-4 各实验方法对应的隔距长度和拉伸速度

实验方法	隔距长度（mm）	拉伸速度（mm/min）
裤形法（单缝）	100	100
梯形法	25±1	100
舌形法（双缝）	100	100
翼形法（单缝）	100	100

五、实验方法与操作步骤

1. 试样准备

按照规定的形状尺寸分别剪取经向和纬向试样至少各五块，试样上不得有明显疵点，裁剪时试样应平行于织物的经向或纬向作为长边裁取，同时每两块试样不能含有相同长度方向或宽度方向的纱线，不能在距布边150mm内取样。

试样应在GB/T 6529—2008中规定的大气中预调湿。

2. 仪器调整

将撕破夹持器安装在织物强力机上。两只夹钳的中心线应在拉伸直线内，夹钳端线应与拉伸直线呈直角，夹持面应在同一平面内。按照屏幕提示，按规定要求，选择实验方法，调整隔距长度和拉伸速度。

3. 夹持试样

（1）裤型法夹持方法如图4-11所示，将试样的每条裤腿无张力但不松弛的各夹入一只夹具中，切割线与夹钳中心线对齐，未切割端呈自由状态。

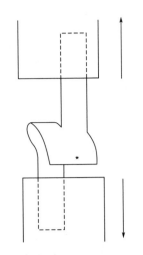

图 4-11　裤型法试样夹持图

（2）梯形法夹持方法如图 4-12 所示，沿梯形的不平行两边夹住试样，使切口位于两夹钳中间，梯形短边保持拉紧，长边处于折皱状态。

（3）舌形法夹持方法如图 4-13 所示，试样的舌头夹在夹钳中心且对称，使 *bc* 线刚好可见。再将试样的两长条对称地夹入另一只移动夹钳中，使直线 *ab* 和 *cd* 刚好可见，并使试样长条平行于撕裂方向，不用预加张力。

（4）翼形法夹持方法如图 4-14 所示，将试样夹在夹钳中心，沿着夹钳端线使标记的直线 *ab* 和 *cd* 刚好可见，并使试样两翼相同表面面向同一方向，不用预加张力。

4. 测定

启动仪器，至试样撕破到撕裂终端线为止，记录最大撕破强力值。

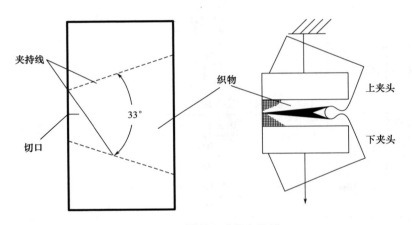

图 4-12　梯形法试样夹持图

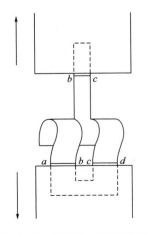

图 4-13　舌形法试样夹持图

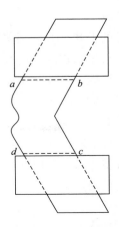

图 4-14　翼形法试样夹持图

如果撕裂不沿切口线撕裂，或者纱线从织物中滑移则不做记录。如 5 个试样中有 3 个或者多个试样的实验结果被剔除，则可认为此方法不适用于该样品。

六、实验结果

记录每块试样的经纬向最高撕破强力值以及对应的平均值，单位为牛顿（N），保留两位有效数字。

第五节 纺织服装用织物耐磨性能的测试

一、实验目的

通过实验，了解不同种类织物的耐磨性能，掌握耐磨性能的测试方法。

二、仪器用具与试样

仪器用具：Y522 型圆盘式织物平磨仪、YG（B）141D 数字式织物厚度仪、织物强力机、电子天平、圆形取样模板、直尺、剪刀等。

试样：不同种类机织物。

三、仪器结构原理

织物服用中受摩擦力产生纤维损伤、断裂、毛茸伸出、脱落及破坏是常见的破坏形式。织物的磨损是造成织物损坏的重要原因，它对评定织物的服用牢度有很重要的意义。

根据服用织物的实际情况，不同部位的磨损方式不同，因而织物的耐磨实验仪器的种类和形式也较多，有平磨、曲磨、折边磨、复合磨、翻动磨等。平磨是织物平放时在定压下与磨料的摩擦受损，它模拟衣服袖部、臀部、沙发织物等的磨损。本实验采用织物平磨仪。

Y522 型圆盘式织物平磨仪的结构如图 4-15 所示。

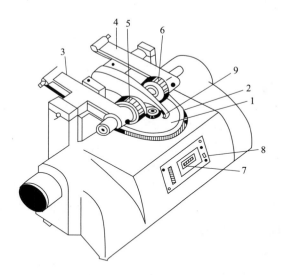

图 4-15　Y522 型圆盘式织物平磨仪的结构
1—试样　2—工作圆盘　3—左方支架　4—右方支架　5—左方砂轮磨盘　6—右方砂轮磨盘　7—计数器　8—开关　9—吸尘器

织物试样固定在直径 90mm 的工作圆盘上，圆盘以 70r/min 作等速回转运动，在圆盘的上方有两个支架，在两个支架上分别有两个砂轮磨盘在自己的轴上回转，实验时，工作圆盘上的试样与两个砂轮磨盘接触并作相对运动，使试样受到多方向的磨损，在试样上形成一个磨损圆环。

四、实验方法与操作步骤

（1）样品在标准大气中调湿至少18h，将织物剪成直径为125mm中间有孔的圆形试样，试样上不得有明显的折皱和疵点，剪取位置距布边至少100mm每种织物5~10块。

（2）用电子天平称重试样记录织物磨前质量；用织物厚度仪测试记录织物磨前厚度；用织物强力机测试记录织物磨前断裂强度。

（3）将试样固定在工作圆盘上，并用六角扳手旋紧夹布环，使试样受到一定张力，表面平整。

（4）选用适当压力，仪器支架本身的质量为250g，可加加压重锤有1000g、500g、250g及125g四种，支架末端可加装平衡重锤或平衡砂轮。因此，砂轮对试样的加压压力=支架本身的质量（250g）+加压重锤质量−平衡重锤或平衡砂轮质量。

（5）选用适当的砂轮作磨料，碳化砂轮分粗A-100、中A-150、细A-280三种。

①A-100砂轮粒度最粗，一般在250g、500g或1000g的加压压力下用于较粗厚的织物。

②A-150粒度中等，可在250g、500g或1000g的加压压力下用于一般纺织品、涂层织物等。

③A-280粒度最细，可在125g、250g或500g的加压压力下用于一般纺织品、薄型织物等。

可对试样做预实验，再调整压力和砂轮。

（6）调节吸尘管高度，一般高出试样1~1.5mm为宜，将吸尘器的吸尘软管及电气插头插在平磨仪上，根据磨屑的重量和多少用平磨仪右端的调压手柄调节吸尘管的风量。

（7）将计数器转至零位。

（8）启动电动机进行实验，实验结束后记录摩擦次数，再将支架吸尘管抬起，取下试样，使计数器复位，清理砂轮。分别测试记录织物磨损后的质量、厚度和断裂强度并求其算数平均值。

五、实验结果

织物耐磨性能的评定，通常有以下几种方法：

1. 观察外观性能的变化

一般采用在相同的实验条件下，经过规定次数的磨损后，观察试样表面光泽、起毛、起球等外观效应的变化，通常与标准样品对照来评定其等级。也可经过磨损后，用试样表面出现一定根数的纱线断裂，或试样表面出现一定大小的破洞所需要的摩擦次数，作为评定依据。

2. 测定物理性能的变化

将试样经过规定的磨损次数后，测定其重量、厚度、断裂强度等物理机械性能的变化，来比较织物的耐磨程度。常用的方法有：

（1）试样重量减少率 $= \dfrac{G_0 - G_1}{G_0} \times 100\%$

式中：G_0——磨损前试样总重量，g；

$\quad\quad G_1$——磨损后试样的重量，g。

（2）试样厚度减少率 $= \dfrac{T_0 - T_1}{T_0} \times 100\%$

式中：T_0——试样磨损前的厚度，mm；

$\quad\quad T_1$——试样磨损后的厚度，mm。

（3）试样断裂强度变化率 $= \dfrac{P_0 - P_1}{P_0} \times 100\%$

式中：P_0——试样磨损前的断裂强度，N 或 kg；

$\quad\quad P_1$——试样磨损后的断裂强度，N 或 kg。

测定断裂强度的试样尺寸：长 10cm、宽 3cm。在宽度两边扯去相同根数的纱线，使其成为 2.5cm×10cm 的试条，然后在强力仪上测定其断裂强度。

第六节　纺织服装用织物抗折皱性测试

纺织服装用织物抗皱性是指织物在使用中抵抗起皱以及折皱容易回复的性能。通常用折痕回复角表示织物的折皱回复能力。折痕回复角是在规定条件下，受力折叠的试样卸除负荷，经一定时间后，两个对折面形成的角度。

织物的抗皱性与纤维的弹性、纱线的细度、捻度、织物的组织结构、密度等因素有关。纤维在干、湿状态下的拉伸弹性恢复率大、初始模量高，则织物的抗皱性较好。另外纱线、织物经过树脂整理，或者织物经过染整加工、热定型后，织物的抗皱性明显提高。

一、实验目的

通过实验，掌握织物抗皱性的测试方法，测试分析织物的折皱弹性并计算相应指标。

二、仪器用具与试样

仪器用具：YG541L 型数字式织物折皱弹性仪、取样印章、剪刀等。

试样：不同种类机织物。

三、仪器结构原理

折痕回复角测试方法有垂直法和水平法，两种方法的试样形状和尺寸不同，采用的设备不同，原理都是将一定形状和尺寸的试样在规定条件下折叠加压保持一定时间，卸除负荷后，让试样经过一定的回复时间，然后测量折痕回复角来表示织物的折痕回复能力。

参照 GB/T 3819—1997《纺织品　织物折痕回复性的测定　回复角法》。本实验选用 YG541L 型数字式织物折皱弹性仪，实验方法是垂直法，也叫凸形法。

YG541L 型数字式织物折皱弹性仪由主机和计算机构成，主机结构如图 4-16 所示。

四、实验方法与操作步骤

（1）按照规定形状尺寸根据图 4-17 的形状和尺寸示意图裁剪试样，经纬向要剪的平直，试样离布边距离大于 150mm，不要在有疵点、折皱和变形的部位取样，可参照图 4-18 中的试样排列取样。

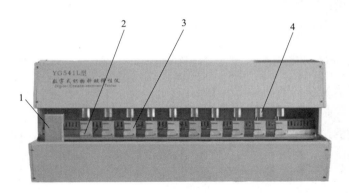

图 4-16　YG541L 型数字式织物折皱弹性仪
1—图像采集器　2—电磁铁　3—试样夹　4—加压重锤

　　每个样品至少裁剪 20 个试样（经、纬向各 10 个），每个方向的正面对折和反面对折各 5 个。日常实验可只测试样正面，即经、纬向正面对折各 5 个。

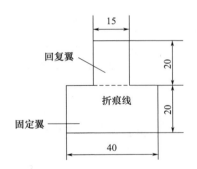

图 4-17　垂直法试样形状和尺寸（单位：mm）

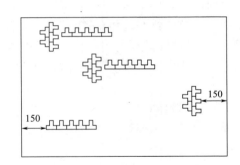

图 4-18　垂直法试样采集部位（单位：mm）

　　（2）开启仪器电源开关，启动电脑，点击进入测试软件。

　　（3）单击复位按钮，仪器对电磁铁加电，此时将试样翻板压下与电磁铁贴合使试样翻板处于水平位置。

　　（4）按照五经、五纬的顺序放在试样夹内与刻线重合，推动旋钮将试样夹紧，再用手柄沿折叠线对折试样（不要在折叠处施加任何压力），盖上有机玻璃片。

　　（5）设置加压时间 5min，急弹时间 15s，缓弹时间 5min。

　　（6）单击运行按钮，10 个加压重锤每隔 15s 按顺序压在每个试样的翻板上，加压重量 10N。

　　（7）加压时间 5min 达到后，重锤自动提起，试样翻板抬起将有机玻璃片弹开，此时试样负荷卸除。

　　（8）卸除负荷 15s 后，图像采集器自动依次测量 10 个试样的急弹回复角，并显示在软件中。

　　（9）卸除负荷 5min 后，图像采集器自动依次测量 10 个试样的缓弹回复角，并显示在软件中。记录急弹回复角和缓弹回复角数据。

五、实验结果

按照表 4-5，记录每块试样的折痕回复角并计算相应的平均值和总和，计算到小数点一位，按 GB/T 8170—2008 数值修约规则保留整数位。

表 4-5　织物经、纬向回复角

品种	经向回复角度		纬向回复角度		总计	
	急	缓	急	缓	急	缓
平均						

实验室温度：＿＿＿＿℃；相对湿度：＿＿＿＿％

第七节　纺织服装用织物悬垂性测试

织物因自重而下垂的性能称为悬垂性，它反映织物悬垂程度和悬垂形态，悬垂系数（F）是表征悬垂程度的指标，是指试样下垂部分的投影面积与原面积相比的百分率，分静态悬垂系数和动态悬垂系数。

一、实验目的

通过实验，掌握织物悬垂性的测试方法，了解悬垂性的表征指标。

二、仪器用具与试样

仪器用具：YG811D-2 型织物动态悬垂性风格仪、试样压板、剪刀。

试样：不同种类机织物。

三、实验原理

将圆形试样置于小圆盘上，织物依自重沿小圆盘周围下垂呈均匀折叠形状，用与水平垂直的平行光线照射，得到试样的投影图，由数码相机采集投影图直接输入计算机，计算机对采集到的图像信息进行数据处理得到相应悬垂性指标。

本实验参考 GB/T 23329—2009《纺织品　织物悬垂性的测定》。

四、实验方法与操作步骤

（1）在织物上剪取直径为 240mm 中间开 4mm 孔的圆形试样至少 3 块。

（2）启动计算机，打开主机面板上的电源，相机开关，光源Ⅰ和Ⅱ的开关，动/静开关调到静态。

（3）单击计算机桌面上的悬垂仪图标进入测试界面，单击测试界面中"直接拍摄"按钮进入拍摄界面。

（4）将试样放在主机中的试样台上，试样台直径12mm，盖上试样压板。若织物是浅色的，压板黑色面向上；若织物是深色的，压板白色面向上。

（5）试样放置好后开始计时，30s后单击拍摄界面上的"松开快门"按钮进行拍照，得到织物的静态图像和相应的悬垂性指标。

（6）将主机面板上的动/静开关调到动态，调节转速使试样50～150r/min的速度旋转，每块试样选择相同的转速。

（7）选中拍摄界面中的拍摄模式调整，将自动曝光模式设置为快门优先自动曝光，快门速度 *TV* 值设置为1/160。

（8）待试样旋转稳定，单击"松开快门"按钮拍照得到织物的动态图像和相应的悬垂性指标。

仪器默认拍摄的第一张是静态图像，第二张为动态图像。每块试样的正反面都要进行实验。

五、实验结果

分别记录每块试样正反面静态和动态悬垂系数的值，并计算总体平均值。悬垂系数越大说明织物的悬垂性越差。

第八节　纺织服装用织物起毛起球性测试

织物经常受摩擦，纤维端伸出织物表面形成绒毛及小球状突起的现象称为起毛起球。织物起毛起球会恶化织物外观，降低其服用性能。所以在设计织物选择服装面料时都应该重视织物的抗起球性。

一、实验目的

通过实验，掌握织物起毛起球的测试方法和评价方法，熟练使用织物起毛起球仪。

二、仪器用具与试样

仪器用具：YG（B）502型织物起毛起球仪、圆形取样模板、剪刀等。

试样：不同种类机织物。

三、仪器结构原理

测试织物起毛起球的方法根据国家标准有以下四种：圆轨迹法、马丁代尔法、起球箱法和随意翻滚法。

我们采用的是 GB/T 4802.1—2008《纺织品　织物起毛起球性能的测定　第 1 部分：圆轨迹法》。按规定方法和实验参数，采用尼龙刷和织物磨料或仅用织物磨料，使试样摩擦起毛起球，然后在规定的光照条件下，对起毛起球性能进行视觉描述评定。

YG(B)502 型起毛起球仪仪器结构如图 4-19 所示，它将织物起毛起球实验分开进行，先将试样在尼龙刷上摩擦一定次数，使织物表面起毛，然后再将试样与磨料织物进行摩擦，使织物表面起球。有些织物（毛织物）可以在织物磨料上直接起球。试样与磨料相对运动轨迹为圆形，试样转速为 60r/min。仪器装有电磁计数器，达到预定摩擦次数时，即自动停止。

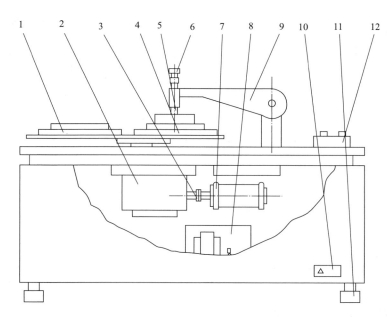

图 4-19　YG(B)502 型织物起球仪仪器结构图
1—起毛标准刷　2—减速箱　3—联轴节　4—起球磨台　5—试样夹头　6—重锤　7—电动机
8—电器部件　9—夹头支架　10—厂铭牌　11—垫脚　12—控制面板

四、实验方法与操作步骤

1. 仪器调整
实验前仪器应保持水平，尼龙刷保持清洁，尼龙刷内若沉有纤维团，应予以清洁。

2. 试样准备
将试样放在标准大气下调湿 24h，然后进行实验。试样应在距布边 1/10 幅宽以上范围内，随机剪取代表性试样 5 块，试样为直径 11.3cm 的圆形，试样上不得有影响实验结果的疵点。另外剪取一块与试样大小相同的评级对比样。

3. 试样置放
将织物正面（如果织物没有明显的正反面，那两面都要测试）朝外（在试样下垫上厚度为 8mm，重量为 270g/m² 的海绵垫）牢固地夹入试样夹头内。磨料尼龙刷和毛织物 2201 华达呢装在磨台上。

4. 参数调节

调节计数器摩擦次数和加压压力。参考表 4-6。试样夹头轴上不另加重量时，试样在磨料上的压力为 490cN，另配有 100cN 和 290cN 重锤，可根据需要的加压压力加装。

表 4-6　试样夹头加压压力及摩擦次数

压力（cN）	起毛次数	起球次数	适用织物
590	150	150	工作服面料、运动服装面料、紧密厚重织物等
590	50	50	合成纤维长丝外衣织物等
490	30	50	军需服（精梳混纺）面料等
490	10	50	化纤混纺、交织织物等
780	0	600	精梳毛织物、轻起绒织物、短纤纬编织物、内衣面料等
490	0	50	粗梳毛织物、绒类织物、松结构织物等

5. 仪器操作

放下试样夹头，使试样与毛刷平面接触，打开电源开关至"ON"位置，按启动"MOVE"键，仪器按预定次数运转，到达预选次数仪器自停；再将回转托盘轻轻提起，并转动 180°，放落平稳，放下试样夹头，使试样与磨料平面接触处在工作位置，按下"MOVE"键，仪器按预定次数运转后自停，翻动试样夹头，取下试样进行评级。

五、实验结果

实验结束后，将已测试样沿经向放在评级箱中试样板左边，未测试样并排放在的右边，按照表 4-7 进行视觉描述评定。以 5 个试样等级的算术平均值为织物等级，如果平均值不是整数，修约至最近的 0.5 级，在两级间加"-"表示，如 3-4 级。

表 4-7　织物起毛起球评定参考标准

级别	起毛	起球
5 级	局部（稀）短毛	无变化
4 级	普遍（较密）短毛	轻微起球
3 级	短毛密，有个别长毛	部分表面中度起球
2 级	长毛较多	球小而稀松
1 级	长毛密集	球密集而明显

第九节　纺织服装用织物抗勾丝性测试

勾丝是指织物受到钉、刺等尖锐物体的勾拉作用，织物中的纤维或纱线被勾出或被勾断，在平整的织物表面形成圆状或毛束状的疵点。织物的勾丝主要发生在长丝织物中，勾丝的产生影响服装的外形美观。

一、实验目的

通过实验，掌握织物抗勾丝性的测试方法和评价方法。

二、仪器用具与试样

仪器用具：YG(B)518D 型钉锤勾丝实验仪，用于固定样品的橡胶环 8 个，毛毡垫，直尺，剪刀，评定板（厚度不超过 3 mm，幅面为 140mm×280mm），缝纫机，勾丝级别样照，评级箱。

试样：不同种类机织物。

三、仪器结构原理

测定织物勾丝的仪器有 3 种类型，即钉锤式、针筒式、方箱式。原理大致相似，都是在一定条件下使织物试样在运动中与某些尖锐物体相互作用，从而产生勾丝。

本实验参照 GB/T 11047—2008《纺织品 织物勾丝性能评定钉锤法》选用钉锤法。悬挂在链条上的钉锤绕过导杆，放到包覆在转筒表面的试样上，当转筒以恒速转动时，钉锤在试样表面随机翻转、跳动，使试样产生勾丝。

YG(B)518D 型钉锤勾丝实验仪仪器结构如图 4-20 所示，主要仪器结构参数如下：

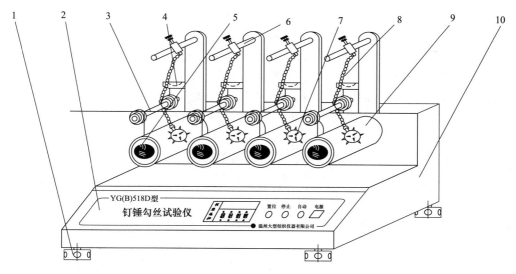

图 4-20 YG(B)518D 型钉锤勾丝实验仪结构示意图

1—调节脚盘 2—操作面板 3—固定导杆 4—钉锤盘 5—转筒 6—固定导杆
7—钉锤 8—链条 9—毛毡 10—机架

（1）钉锤圆球直径 32mm，钉锤与导杆的距离 45mm。

（2）钉锤上等距植入碳化钨针 11 根，总质量为（160±10）g，针钉外露长度 10mm，尖端半径 0.13mm。

（3）转筒直径 82mm（包括外包橡胶厚度 3mm），宽度 210mm，转速（60±2）r/min。

（4）毛毡厚度为 3~3.2mm，宽度 165mm。

（5）导杆工作宽度 125mm，导杆高度离圆筒中心距离为 100mm，导杆偏离圆筒中心右方的距离为 25mm。

四、实验方法与操作步骤

1. 试样准备

（1）每份样品至少取 550mm×全幅，不要在匹端 1m 内取样，样品应平整、无皱、无疵点。

（2）在经过调湿的样品上，按图 4-21 的排样方法，剪取经向（纵向）试样和纬向（横向）试样各 2 块。试样的长度为 330mm，宽度为 200mm。

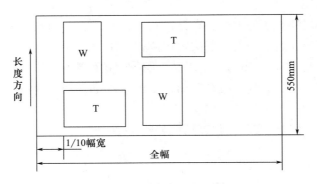

图 4-21　勾丝试样的排样图

（3）先在试样反面做有效长度（即试样套筒周长）标记线，伸缩性大的织物为 270mm，一般织物为 280mm。然后正面朝里对折，沿标记线平直地缝成筒状。再翻转，使织物正面朝外。如果试样套在转筒上过紧或过松，可适当调节周长尺寸，使其松紧适度。

2. 仪器操作

（1）将筒状试样小心地套在转筒上，缝边向两侧展开、摊平。然后用橡胶环固定试样一端，展开折皱，使试样表面圆整，再用橡胶环固定试样另一端。经（纵）纬（横）向试样应随机装放在不同的转筒上进行实验。

（2）将钉锤绕过导杆轻放在试样上。

（3）在计数器上设置圈数为 600 圈。

（4）启动仪器，钉锤应能自由地在滚筒的整个宽度上移动，否则需停机检查。

（5）达到规定的转数后，仪器自停、移去钉锤，取下试样。

五、实验结果

（1）试样取下后至少要放置 4h 后再评级。

（2）直接将评定板插入筒状试样，使评级区处于评定板正面，缝线处于背面中心。

（3）将试样放入评级箱观察窗内，标准试样放在另一侧。

（4）对照标样评级，根据试样勾丝（包括紧纱段）的密度（不论勾丝长短）按表 4-8 列出的级数逐一评级，精确至 0.5 级。

表4-8 织物勾丝性视觉描述评级

级别	状态描述
5级	表面无变化
4级	表面轻微勾丝和（或）紧纱段
3级	表面中度勾丝和（或）紧纱段，不同密度的勾丝（紧纱段）覆盖试样的部分表面
2级	表面明显勾丝和（或）紧纱段，不同密度的勾丝（紧纱段）覆盖试样的大部分表面
1级	表面严重勾丝和（或）紧纱段，不同密度的勾丝（紧纱段）覆盖试样的整个表面

（5）如果试样勾丝中含中、长勾丝，则应按表4-9的规定，在原评级的基础上顺降等级，1块试样中，长勾丝累计顺降不超过1级。

（6）分别计算经（纵）向、纬（横）向试样（包括增试的试样）勾丝级别的算术平均数，修约至最接近的0.5级。

表4-9 试样中、长勾丝顺降的级别

勾丝类别	占全部勾丝的比例	顺降级别/级
中勾丝	≥1/2~3/4	1/4
	≥3/4	1/2
长勾丝	≥1/4~1/2	1/4
	≥1/2~3/4	1/2
	≥3/4	1

注 1. 中勾丝：指长度超过2mm不足10mm的勾丝。
　　2. 长勾丝：指长度达到10mm以上的勾丝。

第十节　纺织服装用织物刚柔性测试

一般服用织物，除了花色要符合消费者要求外，内衣织物需要有良好的柔软性，外衣织物在服用时应保持必要的外形和美观。因此，织物应具有一定的刚度。织物的手感与织物的许多单项性能有关，织物的刚柔性是影响织物手感的重要因素之一。

刚柔性的表征指标有弯曲长度、抗弯刚度和抗弯弹性模量。弯曲长度是一端握持、另一端悬空的矩形织物试样在自重作用下弯曲至7.1°时的长度。弯曲长度数值越大，表示织物越硬挺不易弯曲。抗弯刚度是指单位宽度材料的微小弯矩变化与其相应曲率变化之比，可根据弯曲长度计算，抗弯弹性模量与织物的厚度、宽度等几何尺寸无关。它是说明组成织物的材料拉伸和压缩的弹性模量。抗弯弹性模量数值越大，表示材料刚性越大，不易弯曲变形。

一、实验目的
通过实验，掌握织物刚柔性的测试方法，会计算刚柔性的相关指标。

二、仪器用具与试样

仪器用具：LLY-01B 型电子硬挺度仪、木质梯形工作台、直尺、剪刀。

试样：不同种类机织物。

三、实验原理

织物刚柔性的测定方法很多，其中最简易的方法是采用斜面法，其实验原理是将一定尺寸的织物狭长试条作为臂梁，根据其可挠性，可测试计算其弯曲长度、抗弯刚度与抗弯弹性模量，作为织物刚柔性的指标。

本实验参照 GB/T 18318.1—2009《纺织品　弯曲性能的测定第一部分：斜面法》。

四、实验方法与操作步骤

1. 木质梯形工作台

（1）按标准规定测定试样的厚度和单位面积质量。

（2）在距布边 100mm 以上的范围内经纬向各剪取 20mm×150mm 的试条 6 个，并按规定调湿。要求试样上没有折痕和疵点。

（3）将试条放在梯形工作台上，如图 4-22 所示，工作台具有一与水平呈 θ 角的斜面，常用 θ 测量角度有 41.5°、43°、45°。在试条上放一钢尺，并使试条的下垂端与钢尺零线平齐。

（4）将钢尺向右推出，带动试条逐渐推出，直到由于织物本身重量的作用而下垂触及斜面为止，试条滑出长度可由钢尺移动的长度而得到，由此计算有关织物刚柔性的指标。

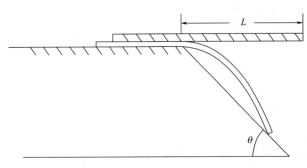

图 4-22　斜面法测定织物刚柔性示意图

L—滑出长度

（5）重复步骤（3）和（4），对同一试样的另一面进行测试，并对试样另一端的两面进行测试。

2. LLY-01B 型电子硬挺度仪

（1）在距布边 100mm 以上的范围内经纬向各剪取（25±1）mm×（250±1）mm 的试条 6 个，并按规定调湿。要求试样上没有折痕和疵点。

（2）打开电源开关，仪器显示"LLY-01"，按"实验"键进入实验状态。

（3）扳动手柄，将压板抬起，把试样放在工作台上，并与工作台前端对齐，放下压板。

（4）按"启动"键，仪器压板向前推进，当试样下垂到挡住检测线时，仪器自动停止推进并返回起始位置，仪器显示试样实际伸出长度（在本状态下按"返回"键，仪器停止推进压板自动返回，本次实验废除）。仪器测试角度是 41.5°。

（5）将试样从工作台取下，反面放回工作台，按"启动"键，仪器按上述过程自动往返一次，并显示正反两次的平均抗弯长度。

（6）重复步骤（3）~（5），分别做完 6 个经向试样和 6 个纬向试样的测试。

（7）按"经平均"键显示经向 6 个经向试样的抗弯长度平均值（CL），按"纬平均"键显示纬向 6 个试样的抗弯长度平均值（CH），按"总平均"显示经纬向抗弯长度的总平均值（UH）。

五、实验结果

1. 弯曲长度（C）

$$C = L \left(\frac{\cos \frac{1}{2}\theta}{8\tan\theta} \right)$$

式中：L——滑出长度，cm。（当 $\theta = 45°$ 时，$C = 0.487L$；当 $\theta = 43°$ 时，$C = 0.5L$；当 $\theta = 41.5°$ 时，$C \approx 0.5L$。）

采用木质梯形工作台，每块试样记录 4 个滑出长度，分别计算试样两个方向的平均弯曲长度 C。

采用 LLY-01B 型电子硬挺度仪，仪器自动输出试样两个方向的平均弯曲长度 CL 和 CH。

2. 抗弯刚度（B）

分别计算两个方向单位宽度的平均抗弯刚度，保留三位有效数字。

$$B = 9.8G(0.487L)^3 \times 10^{-5} (\text{cN} \cdot \text{cm})$$

式中：G——织物平方米重量，g/m^2。

3. 抗弯弹性模量（q）

分别计算两个方向的平均抗弯弹性模量，保留三位有效数字。

$$q = \frac{117.6B}{t^3} \times 10^{-3} (\text{N/cm}^2)$$

式中：t——织物厚度，mm。

第十一节　纺织服装用织物透气性测试

透气性是指织物透过空气的能力。它直接影响到织物的服用性能。如夏天用的织物希望有较好的透气性，而冬天用的外衣织物透气性应该较小，以保证衣服具有良好的防风性能，防止热量的大量散发。对于国防及工业上某些用途的织物，透气性具有十分重要的意义。如降落伞布和帆布等，都要求具有一定的透气性。织物透气性取决于织物中经、纬纱线间以及纤维间空隙的数量与大小，亦即与经纬密度、经纬纱线特数、纱线捻度等因素有关。此外还与纤维性质、纱线结构、织物厚度和体积重量等因素有关。

一、实验目的

通过实验，掌握织物透气性的测试方法，熟练使用透气仪。

二、仪器用具与试样

仪器用具：YG(B)461E-Ⅱ型全自动织物透气性能测试仪，定值圈等。

试样：不同种类机织物。

三、仪器结构原理

织物透气性以透气率 R（mm/s 或 m/s）来表示。透气率是指在规定的实验面积、压降和时间条件下，气流垂直通过试样的速率。实验原理是在规定的压差下，测定单位时间垂直通过试样的空气流量，推算织物的透气性。

YG(B)461E-Ⅱ型全自动织物透气性能测试仪外部构造由机架、试样紧固装置、流量装置、显示面板等部分组成；仪器的内部构造由压力传感器、CPU 数据处理器、吸风机、反馈调节装置等部分组成。仪器结构如图 4-23 所示。

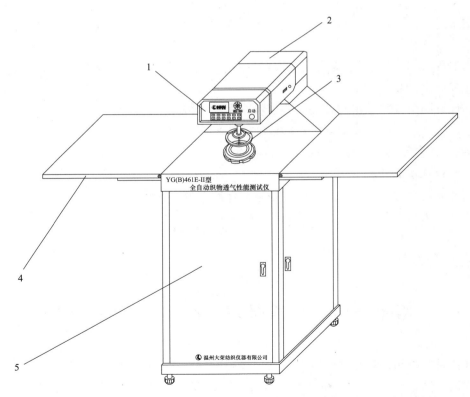

图 4-23　YG（B）461E-Ⅱ型全自动织物透气性能测试仪结构示意图

1—显示面板　2—电控箱　3—试样紧固装置　4—折叠工作台　5—机架

四、实验参数

本实验参照 GB/T 5453—1997《纺织品　织物透气性的测定》。

1. 压降

服装用织物为 100Pa，产业用织物为 200Pa。

2. 试样面积

由试样面积定值圈来控制。定值圈有 $5cm^2$、$20cm^2$、$50cm^2$ 和 $100cm^2$ 四种。推荐选用 $20cm^2$，当设定压降达不到或不适用时，可选用 $5cm^2$、$50cm^2$ 或 $100cm^2$ 的试样面积。

3. 喷嘴

仪器内置 11 只喷嘴，$00^{\#}$ ~ $10^{\#}$ 喷嘴直径从小到大，选择的喷嘴建议使动态压差落在 600 ~ 3000Pa 之间，以获得更稳定的测试结果。

五、实验方法和操作步骤

1. 环境要求

试样的调湿及透气性的测定需要在 GB/T 6529—2008 中规定的标准大气条件下（温度为 20℃，相对湿度为 65%）进行。

2. 参数设定

接通仪器电源，按功能键进入实验显示界面，选中液晶屏中参数设置按钮，对试样面积、压降和喷嘴按照标准进行设定并保存。喷嘴可先任意选择一个型号进行预实验，如果动态压差超范围，仪器会自动提示更换大号或小号喷嘴。

3. 仪器操作

（1）选中屏幕中定压测试按钮，仪器自动进行喷嘴定位。将整块试样放在实验台上，用绷直压环压住，将选定面积的定值圈放在压环中的试样上面，居中放置。要求在同一样品的不同部位至少测 10 次，测试位置不能有明显的疵点和折皱。

（2）按下"启动"按钮，仪器自动将试样压紧，开始测试，至达到设定压差时，自动将试样松开，仪器自动换算出测试结果，记录透气率数值。

六、实验结果

记录透气率的每组数据，并计算透气率的平均值和变异系数。

$$S = \sqrt{\frac{\sum (x - \bar{x})^2}{n - 1}}$$

$$C = \frac{S}{\bar{x}} \times 100\%$$

式中：S 为标准差；C 为变异系数；n 为实验次数；x 为观测值；$\bar{x}$ 为全部观测值的平均值。

第十二节　纺织服装用织物透湿性能测试

织物的透湿性是指湿气透过织物的性能，又称透水汽性。透湿性是影响舒适性的重要指标，直接影响人体与服装之间的相对湿度，影响人体的穿着感受。织物透湿性的评价指标通常用透湿率、透湿度和透湿系数来表示。

透湿率（WVT）：在试样两面保持规定的温湿度条件下，规定时间内垂直通过单位面积试样的水蒸气质量。

透湿度（WVP）：在试样两面保持规定的温湿度条件下，单位水蒸气压差下，规定时间内垂直通过单位面积试样的水蒸气质量。

透湿系数（PV）：在试样两面保持规定的温湿度条件下，单位水蒸气压差下，单位时间内垂直透过单位厚度、单位面积试样的水蒸气质量。

一、实验目的

通过实验，掌握织物透湿性能的测试方法，测试并计算表征透湿性的指标。

二、仪器用具与试样

仪器用具：YG601 型电脑式织物透湿仪，电子天平，烘箱，无水氯化钙（化学纯，粒度 0.63~2.5mm），透湿杯及附件，剪刀等。

试样：不同种类机织物。

三、实验原理

把盛有干燥剂或水并封以织物试样的透湿杯放置于规定温度和湿度的密封环境中，根据一定时间内的透湿杯质量的变化计算试样透湿率、透湿度和透湿系数。

本实验参照 GB/T 12704.1—2009《纺织品　织物透湿性试验方法　第 1 部分：吸湿法》，此方法适用于厚度在 10mm 以内的各类织物，不适用于透湿率大于 29000g/（m² · 24h）的织物。

四、实验方法与操作步骤

（1）在距离布边 1/10 幅宽、距匹端 2m 外范围裁取有代表性的直径为 70mm 的圆形试样至少 3 块，若两面材质不同，如涂层织物，应在织物两面各取 3 块。试样按 GB/T 6529—2008 规定进行调湿。

（2）开启透湿仪，将温度设置为（38±2）℃，相对湿度为 90%±2%，实验时间 1h。

（3）将在 160℃烘箱中干燥 3h 的干燥剂（无水氯化钙）约 35g 装入清洁、干燥的透湿杯内，并振荡均匀，使干燥剂呈一平面。干燥剂装填高度为距试样下表面位置 4mm 左右。空白实验的杯中不加干燥剂。

（4）将试样测试面朝上放置在透湿杯上，装上垫圈和压环，旋上螺帽，再用乙烯胶粘带从侧面封住压环、垫圈和透湿杯，组成实验组合体。

（5）迅速将实验组合体水平放置在达到设置温湿度的透湿仪中，经过 1h 平衡后取出。

（6）迅速盖上对应杯盖，放在 20℃左右的硅胶干燥器中平衡 30min，按编号逐一称量，精确至 0.001g，每个实验组合体称量时间不超过 15s。

（7）称量后轻微振动杯中的干燥剂，使其上下混合，以免长时间使用上层干燥剂使其干燥效用减弱。振动过程中，尽量避免使干燥剂与试样接触。

（8）除去杯盖，迅速将实验组合体放入透湿箱内，经过 1h 后取出，按照步骤。

（9）再次称重。每次称重实验组合体的先后顺序应一致。

五、实验结果

1. 透湿率（WVT）

计算 3 块试样透湿率的平均值，结果修约至三位有效数字。

$$WVT = \frac{\Delta m - \Delta m'}{A \cdot t}$$

式中：WVT——透湿率，$g/(m^2 \cdot h)$ 或 $g/(m^2 \cdot 24h)$；

Δm——同一实验组合体两次称重之差，g；

$\Delta m'$——空白试样的同一实验组合体两次称量之差，g，不做空白实验时 $\Delta m' = 0$；

A——有效实验面积（本实验装置为 $0.00283m^2$），m^2；

t——实验时间，h。

2. 透湿度（WVP）

实验结果修约至三位有效数字。

$$WVP = \frac{WVT}{\Delta P} = \frac{WVT}{P_{CB}(R_1 - R_2)}$$

式中：WVP——透湿度 $[g/(m^2 \cdot Pa \cdot h)]$；

ΔP——试样两侧水蒸气压差，Pa；

P_{CB}——在实验温度下的饱和水蒸气压力，Pa；

R_1——实验时透湿箱的相对湿度；

R_2——透湿杯内的相对湿度（透湿杯内的相对湿度可按 0 计算）；

3. 透湿系数（PV）

实验结果修约至两位有效数字。

$$PV = 1.157 \times 10^{-9} WVP \times d$$

式中：PV——透湿系数（透湿系数仅对于均匀的单层材料有意义）$(g \cdot cm)/(cm^2 \cdot s \cdot Pa)$；

d——试样厚度，cm。

第十三节　纺织服装用织物保温性能测试

织物的保温性是指织物的隔热性能，阻止热量通过的性能，是织物舒适性能的指标之一，评价织物保温性的指标有保温率、传热系数、克罗值等。

保温率是无试样时的散热量和有试样时的散热量之差与无试样时的散热量之比的百分率。保温率值越大，织物的保温性越好。

传热系数是当材料的厚度为 1m 及两表面的温度差为 1℃时，通过 $1m^2$ 材料传导的热量瓦数，单位 $W/(m \cdot ℃)$。传热系数越大，织物的保温性越差。

克罗值（CLO）是指一个人（其基础代谢为 58W/m²）静坐在室温为 20~21℃，相对湿度小于 50%，风速不超过 10cm/s 的环境中感觉舒适时，所穿着服装的隔热值为 1 克罗值。

一、实验目的

通过实验，掌握织物保温性能的测试方法，了解织物保温仪的结构和工作原理。

二、仪器用具与试样

仪器用具：YG606D 型平板式织物保温仪、剪刀、直尺。

试样：不同种类机织物。

三、仪器结构原理

YG606D 型平板式织物保温仪由测试主机、电控系统和打印机三部分组成，三者通过电缆、信号线联接。测试主机内部安装有试样板、保护板、底板，各加热板由绝热材料隔开，外罩有装有试样仓温度传感器的透明罩。仪器前部安装有控制/显示面板，如图 4-24 所示。

将试样覆盖在试样板上，试样板及底板和周围的保护板均以电热控制相同的温度，并由温度传感器将数据传递给微机以保持恒温，使试样板的热量只能向试样方向散发，由微机测定实验板在一定时间内保持恒温所需的加热时间，并计算保温率、导热系数和克罗值。

本实验参照 GB/T 11048—2018《纺织品保温性能试验方法》。

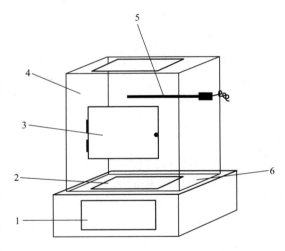

图 4-24　YG606D 型平板式织物保温仪

1—控制/显示面板　2—试样板　3—有机玻璃罩前门
4—有机玻璃罩　5—温度传感器探头　6—保护板

四、实验方法与操作步骤

（1）每份样品剪取尺寸为 30cm×30cm 的试样三块，要求平整无折皱，并在标准大气下调湿 24h。

（2）打开机器电源，设定实验板、保护板、底板的温度 36℃即上限 36℃、下限 35.9℃；加热周期至少 5 个；预热时间至少 30min。

（3）选择主菜单中"测试"按键，选中空白实验项目（每天只需要做一次空白实验），按"Yes"键，仪器预热结束后自动进入空白实验，当前项目测试完毕后仪器会自动返回上一级菜单。

（4）将试样正面朝上平铺在实验板上，将实验板四周全部覆盖。

（5）选中有样试样项目，按"Yes"键启动，仪器自动进行实验，测试完毕蜂鸣器发出连续响声，仪器自动停止。

（6）重复步骤（4）和（5），待试样测试完毕后，自动打印试样结果。

五、实验结果

仪器自动输出保温率，传热系数和克罗值，记录 3 块试样的实验结果，以 3 块试样的算术平均值为最终结果，取 4 位有效数字。

第十四节　织物热湿传递性能（热阻和湿阻）的测定

一、实验目的

通过实验，掌握织物热阻和湿阻的测试方法，了解织物热阻湿阻仪的原理和操作方法。

二、仪器用具与试样

仪器用具：iSGHP-10.5 型热阻湿阻测试仪、玻璃纤维膜、黑色胶条、蒸馏水。

试样：不同种类机织物。

三、实验原理

本实验参照 GB/T 11048—2008《纺织品　生理舒适性　稳态条件下热阻和湿阻的测定》。

1. 热阻测试

热阻（R_{ct}）表示纺织品处于稳定的温度梯度的条件下，通过规定面积的干热流量，是试样两面的温差与垂直通过试样的单位面积热流量之比。

热阻测试时，试样覆盖于电热实验板上，实验板及其周围和底部的热护环（保护板）都能保持相同的恒温，以使电热实验板的热量只能通过试样散失，调湿的空气可平行于试样上表面流动。当实验条件达到稳态后，测定通过试样的热流量来计算试样的热阻。

2. 湿阻测试

湿阻（R_{et}）表示纺织品处于稳定的水蒸气压力梯度的条件下，通过一定面积的蒸发热流量，是试样两面的水蒸气压力差与垂直通过实验板的单位面积蒸发热流量之比。

湿阻测试时，试样放置在覆盖一层薄膜（透气但不透水）的多孔电热试验板上，进入电热板的水蒸发后以水蒸气的形式通过薄膜，测定一定水分蒸发率下保持试验板恒温所需热流量，与通过试样的水蒸气压力一起计算试样湿阻。

四、实验方法与操作步骤

1. 试样准备

每份样品至少取试样 3 块，试样大小 50cm×50cm，试样需在标准大气条件下调湿 24h。

2. 热阻测试。

（1）打开热阻湿阻仪器总开关和"Control power""Cooling""Humidity""Heating""Chamber light" 5 个开关，启动计算机，点击进入热湿热阻软件。

（2）热阻空白测试：用 7mm 标准块调整至与风速传感器刚好相接触，在软件界面点击"RUN"按钮，选择热阻测试标准，输入文件名并保存后测试开始，等待测试结束，得到空白热阻（Rct0）值。同一条件下的测试每天只需做一次空白测试。

（3）热阻试样测试：在软件中将风速关闭（wind off），将试样放置在测试板上，用 7mm 黑色标准块调整至与风速传感器刚好相接触，关闭箱门，然后在软件中将风速开启（wind on）。

（4）回到软件界面，将空白测试得到的 Rct0 值输入至界面的对应 Rct0 值一栏中，点击"RUN"按钮选择需要测试的热阻标准，输入文件名并保存后测试开始。

（5）大约 1h 测试结束，弹出结束测试（end test）提示，生成测试报告。

测试报告中包含空白热阻、有样热阻和实验条件。

3. 湿阻测试

（1）打开热阻湿阻仪器进水阀，有总开关和"Control power""Cooling""Humidity""Heating""Chamber light""Fluid System"6 个开关，启动计算机，点击进入热湿热阻软件。

（2）湿阻空白测试：挤压"Fluid Primer"按钮出水（仪器自带蒸馏装置），取一张玻璃纤维膜平铺在测试台上，用黑色胶条封住四边，裁去多余部分。用 7mm 标准块调整至与风速传感器刚好相接触，在软件界面点击"RUN"按钮，选择需要测试的湿阻标准，输入文件名并保存后测试开始。同一条件下的测试每天只需做一次空白测试。

（3）湿阻试样测试：在软件中将风速关闭（wind off），将试样放置在测试板上，用 7mm 黑色标准块调整至与风速传感器刚好相接触，关闭箱门，然后在软件中将风速开启（wind on）。

（4）回到软件界面，将空白测试得到的 Ret0 值输入至界面的对应 Ret0 值一栏中，点击"RUN"按钮选择需要测试的湿阻标准，输入文件名并保存后测试开始。

（5）大约 1h 测试结束，弹出结束测试（end test）提示，生成测试报告。

测试报告中包含空白湿阻、有样湿阻和实验条件。

五、实验结果

仪器自动输出试样的热阻和湿阻值，以三次的算数平均值为最终结果，结果保留三位有效数字。可根据需要计算透湿指数、透湿率、克罗值和热导率。

第十五节　纺织服装用织物防紫外性能测试

紫外线是波长 $100\sim400nm$ 的电磁波，肉眼不可见，人体通过紫外线的照射可以自身合成维生素 D，有利于人体的生长和发育，但是过度的紫外线照射，会对人体产生危害，甚至于威胁人的生命健康。纺织品的抗紫外线性能显得越来越重要。

一、实验目的

通过实验，掌握织物防紫外性能的测试方法和表征指标，熟练使用紫外分光光度计。

二、仪器用具与试样

实验仪器：UV-3600 型紫外可见分光光度计。

试样：不同种类机织物。

三、实验原理

试样放置在紫外线光源和积分球之间，用单色或多色的紫外线平行照射试样，由积分球收集总的透射射线，测定出总的光谱透射比，计算试样的紫外线防护系数值。

光谱透射比 T（λ）是指波长为 λ 时，透射辐通量与入射辐通量之比。

紫外线防护系数（UPF）是皮肤无防护时计算出的紫外线辐射平均效应与皮肤有织物防护时计算出的紫外线辐射平均效应的比值。

本实验参照 GB/T 18830—2009《纺织品　防紫外线性能的评定》。

四、实验方法与操作步骤

1. 试样准备

对于匀质材料，至少要取 4 块有代表性的试样，距布边 5cm 以内的织物应舍去。对于具有不同色泽或结构的非匀质材料，每种颜色和每种结构至少要实验两块试样。试样尺寸应保证充分覆盖住仪器的孔眼。调湿和实验应按照 GB 6529/T—2008 进行，如果实验装置未放在标准大气条件下，调湿后试样从密闭容器中取出至实验完成应不超过 10min。

2. 启动仪器

双击打开计算机桌面上的"UVPROBE"图标，单击"连接"键，装置与 PC 机连接并进行 5min 左右的初始化。当所有绿灯亮即为通过检测，通过后单击"确定"。

3. 参数设置

在软件中选择"光谱测定"，单击"测定"标签设定波长测定的范围为 290~400nm，采样间隔 5nm；单击"仪器参数"标签，选择测定种类为透射率。设定完毕单击"确定"。

4. 基线校正

单击"基线"进行基线校正，然后单击"到波长"将波长设置到 500nm，再单击"自动调零"。由于一般的分光光度计的能量在 500nm 左右最强，故在此自动调零可得到最正确的基线。通常上述操作在开机后进行一次就足够了。

5. 试样放置

在积分球前方放置试样，将穿着时远离皮肤的织物面朝着 UV 光源。单击"开始"键即可开始测定。

6. 记录结果

测定结束后，仪器自动输出透射比值，计算试样的 UPF 值。

五、实验结果

（1）对于匀质材料，计算每个试样的 UPF 及其平均值 UPF_{AV}，根据下式计算样品的 UPF 值。$t_{\alpha/2,n-1}$ 按照表 4-10 的规定选取。当样品的 UPF 值低于单个试样实测的 UPF 值中最低值时，则以试样最低的 UPF 作为样品的 UPF 值。当样品的 UPF 值大于 50 时，表示为"UPF>50"。

$$UPF = UPF_{AV} - t_\alpha/2, \ n-1 \frac{S}{\sqrt{n}}$$

式中：S 为试样 UPF 的标准差。

表 4-10　$t_{\alpha/2, n-1}$ 的测定值（α 为 0.05 时）

试样数量（块）	$n-1$	$t_{\alpha/2, n-1}$
4	3	3.18
5	4	2.77
6	5	2.57
7	6	2.44
8	7	2.36
9	8	2.30
10	9	2.26

（2）对于具有不同颜色或结构的非匀质材料，应对各种颜色或结构进行测试，以其中最低的 UPF 值作为样品的 UPF 值。当样品的 UPF 值大于 50 时，表示为 "UPF>50"。

第十六节　纺织服装用织物抗静电性能测试

纺织材料相互摩擦产生静电，大多数的纺织材料导电性很差，在生产加工和使用过程中容易产生静电。静电性能的评定包含七个部分：静电压半衰期、电荷面密度、电荷量、电阻率、摩擦带电电压、纤维泄露电压以及动态静电压。本实验参照 GB/T 12703.1—2008《纺织品　静电性能的评定　第 1 部分：静电压半衰期》，测定织物的静电压半衰期。

一、实验目的
通过实验，掌握织物抗静电性能的测试方法，熟练使用织物感应式静电仪。

二、仪器用具与试样
仪器用具：YG（B）342E 型织物感应式静电仪、直尺、剪刀。
试样：不同种类机织物。

三、仪器结构原理
使试样在高压静电场中带电至稳定后断开高压电源使其电压通过接地金属台自然衰减，测定静电压值及其衰减至初始值一半所需的时间。

YG（B）342E 型织物感应式静电仪结构如图 4-25 所示，仪器主机主要由电晕放电装置、探头检测器、转盘和试样夹组成，利用给定的高压电场，对织物定时放电，使织物感应静电，从而进行织物的抗静电性能检测。

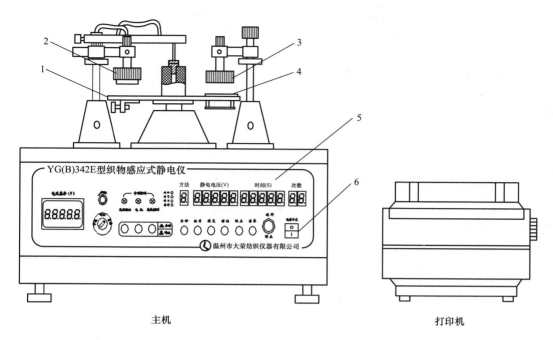

图 4-25 YG(B)342E 型织物感应式静电仪结构示意图
1—转盘 2—放电端子 3—静电探头 4—试样夹 5—控制面板 6—电源开关

四、实验方法与操作步骤

1. 试样准备

（1）将样品在 50℃ 下预烘一定时间，将预烘后的样品在温度 (20±2)℃，相对湿度 35%±5%，环境风速在 0.1m/s 的环境下放置 24h 以上，不得沾污样品。如需测试样品洗涤后的静电性能，应按规定或协商，经洗涤预处理后再进行测试。

（2）剪取 45mm×45mm 的试样 3 组，每组试样数量根据仪器中实验台数量而定，试样应有代表性。

2. 试样放置

对试样表面进行消电处理后，将试样放入上下夹样盘之间的间隙。

3. 仪器检查

静电仪通电前，将仪器面板的"手动/停止/自动"转换开关置于"停止"挡。检查放电针尖到织物表面距离是否为 20mm；检查探极到织物表面距离是否为 15mm；检查地线是否接好；检查传感器是否运行正常。

4. 仪器操作

（1）打开电源开关，将仪器面板的"手动/停止/自动"转换开关置于"自动"挡，设置高压值 10kV，高压维持时间 30s。

（2）按"运行"键，实验台开始转动，加压 30s 后高压自动断开，实验台继续旋转直至静电电压衰减至 1/2 以下时测试结束，仪器自动停止。

（3）按"打印"键，仪器自动打印高压断开瞬间试样静电电压（V）及其衰减至1/2所需要的时间，即半衰期（s）。

（4）同一块（组）试样进行2次重复实验，每组样品测试3组试样。

五、实验结果

计算每（块）组试样的2次测量值的平均值作为该块（组）试样的测量值；计算3块（组）试样测量值的平均值作为该样品的测量值。最终结果静电电压修约至1V，半衰期修约至0.1s。

对于非耐久型抗静电纺织品，洗前应达到表4-11的要求，对于耐久型抗静电纺织品（经多次洗涤仍保持抗静电性能的产品），洗前、洗后均应达到表4-11的要求。

表4-11　半衰期技术要求

等级	要求
A 级	≤2.0s
B 级	≤5.0s
C 级	≤15.0s

第十七节　纺织服装用织物阻燃性能测试

织物阻燃性能的测试方法有很多种，本实验参照 GB/T 5455—2014《纺织品　燃烧性能垂直方向损毁长度阴燃和续燃时间的测定》，采用垂直法测试织物阻燃性能，表征指标有续燃时间、阴燃时间和损毁长度。

续燃时间：在规定的实验条件下，移开点火源后材料持续有焰燃烧的时间，以秒表示。

阴燃时间：在规定的实验条件下，当有焰燃烧终止后，或本为无焰燃烧者，移开点火源后，材料持续无焰燃烧的时间，以秒表示。

损毁长度：在规定的实验条件下，在规定方向上材料损毁部分的最大长度，以厘米表示。

一、实验目的

通过实验，了解垂直法测试织物阻燃性能的原理，掌握垂直法织物阻燃性能的测试方法，熟练使用垂直织物阻燃性能测试仪，掌握阻燃性能的表征指标。

二、仪器用具与试样

仪器用具：YG（B）815D-I型垂直织物阻燃性能测试仪。

试样：不同种类机织物。

三、实验原理

用规定点火器产生的火焰，对垂直方向的试样底边中心点火，在规定的点火时间后，测量试样的续燃时间、阴燃时间及损毁长度。

四、实验方法与操作步骤

1. 试样准备

（1）取样位置：剪取试样时距离布边至少 100mm，试样的两边分别平行于织物的经向和纬向，要求试样表面无沾污、无褶皱，不能在同一长度方向上取样。

（2）选用下列条件之一对试样进行调湿或干燥：根据所选条件准备试样，条件 A 和条件 B 所测结果不具有可比性。

条件 A：试样放置在温度为 20℃，相对湿度为 65% 的标准大气条件下进行调湿，然后将调湿后的试样放入密封容器内。选用条件 A 时，试样尺寸为 300mm×89mm，经纬向试样各 5 块，共 10 块。

条件 B：将试样置于（105±3）℃的烘箱内干燥（30±2）min 取出，放置在干燥器中冷却，冷却时间不少于 30min。选用条件 B 时，试样尺寸为 300mm×89mm，经向试样 3 块，纬向试样 2 块，共 5 块。

2. 试验步骤

（1）打开电源开关，此时操作面板上的电源开关指示灯亮，各显示器数码管亮，仪器处于待测试状态。

（2）打开气体供给阀，按点火键，观察火花脉冲发生器和点火器，待点火成功，松开点火键。

（3）旋转调焰旋钮，使火焰尖端调节至与焰高标尺尖端等高，此时已离点火器口（40±2）mm 的高度。在开始第一次实验前，火焰应在此状态下稳定地燃烧至少 1min，然后熄灭火焰。

（4）将试样装上试样夹，再用 4 只固定夹将试样夹上下片夹紧，钩挂到箱内的悬梁中间，由两条悬臂定位叉夹住，然后关闭观察门。

（5）按启动键启动电动机，会带动点火器旋转一定角度，将点火器移到试样下方，点燃试样，此时距试样从密封容器或干燥器中取出的时间必须在 1min 以内。火焰施加到试样上的时间是点火时间，条件 A 为 12s，条件 B 为 3s。到点火时间后续燃计时显示器会自动开始计时，同时火焰自动熄灭，点火器返回原位。

（6）观察织物燃烧状态，若续燃停止，应立即按续燃锁定键，阴燃计时显示器会自动开始计时，直到织物阴燃熄灭，应立即按阴燃锁定键。

（7）当实验熔融性纤维制成的织物时，如果被测试样在燃烧过程中有溶滴产生，则应在实验箱的箱底平铺上 10mm 厚的脱脂棉。注意熔融脱落物是否引起脱脂棉的燃烧或阴燃，并记录。

（8）打开观察门，取出试样夹，卸下试样，先沿其长方向在损毁区域最高点处对折一条直线，然后在试样的下端一侧，距底边及侧边各约 6mm 处，用钩挂上与试样单位面积重量相称的重锤，见图 4-26。织物单位面积质量与选用重锤质量的关系见表 4-12。

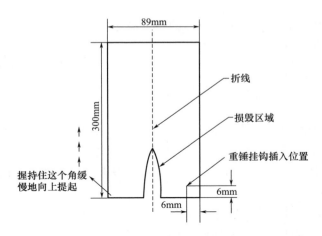

图 4-26　损毁长度测量

表 4-12　织物单位面积质量与选用重锤质量的关系

织物单位面积质量（g/m²）	<101	101≤且<207	207≤且<338	338≤且<650	650≤
重锤质量（g）	54.5	113.4	226.8	340.2	453.6

（9）钩挂好重锤后，用手缓缓提起试样下端的另一则让重锤悬空，再放下测量试样断开长度，即为损毁长度（精确至1mm）。

（10）清除实验箱中的烟气及碎片，再测试下一个试样。

五、实验结果

记录每次实验得到的续燃时间、阴燃时间、损毁长度的实测值，分别计算相应的平均值，结果精确至0.1s和1m。

第十八节　纺织服装用织物耐汗渍色牢度测试

一、实验目的

通过实验，了解耐汗渍色牢度的测试原理，掌握测试方法和色牢度评级方法。

二、仪器用具与试样

仪器用具：耐汗渍色牢度测试仪，Y902型汗渍色牢度烘箱，评级变色灰卡（GB/T 250—2008），评级沾色灰卡（GB/T 251—2008），标准贴衬织物，电子天平，pH计，直尺，剪刀等，各种化学试剂。

试样：不同种类机织物。

三、仪器结构原理

将纺织品试样与标准贴衬织物缝合在一起，置于含有组氨酸的酸性和碱性两种试液中分别处理，去除试液后，放在试样装置中的两块平板间，使之受到规定的压强。再分别干燥试样和贴衬织物。用灰色样卡或仪器评定试样的变色和贴衬织物的沾色。

本实验参照 GB/T 3922—2013《纺织品　色牢度试验耐汗渍色牢度》。

耐汗渍色牢度测试仪由一个不锈钢架和质量约 5kg、底部面积为 60mm×115mm 的重锤配套组成，并附有尺寸约 60mm×115mm×1.5mm 的玻璃板或丙烯酸树脂板，如图 4-27 所示。当（40±2）mm×（100±2）mm 的组合试样夹于板间时，可使组合试样受压强（12.5±0.9）kPa，弹簧压板保证在重锤移开后试样所受的压强不变。

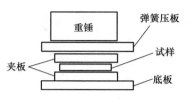

图 4-27　耐汗渍色牢度测试仪

四、实验材料

1. 人造汗液的配制

（1）碱性试液。所用试剂为化学纯，用符合 GB/T 6682—2008 的三级水配制，现配现用。

每升试液含有：

物质	质量
L-组氨酸盐酸盐一水合物（$C_6H_9O_2N_3 \cdot HCl \cdot H_2O$）	0.5g
氯化钠（NaCl）	5.0g
磷酸氢二钠十二水合物（$Na_2HPO_4 \cdot 12H_2O$）或磷酸氢二钠二水合物（$Na_2HPO_4 \cdot 2H_2O$）	5.0g 2.5g

用 0.1mol/L 的氢氧化钠溶液调整试液 pH 至 8.0±0.2。

（2）酸性试液。所用试剂为化学纯，用符合 GB/T 6682—2008 的三级水配制，现配现用。

每升试液含有：

物质	质量
L-组氨酸盐酸盐一水合物（$C_6H_9O_2N_3 \cdot HCl \cdot H_2O$）	0.5g
氯化钠（NaCl）	5.0g
磷酸二氢钠二水合物（$NaH_2PO_4 \cdot 2H_2O$）	2.2g

用 0.1mol/L 的氢氧化钠溶液调整试液 pH 至 5.5±0.2。

2. 贴衬织物

对多纤维贴衬织物和两块单纤维贴衬织物可任选其一。

（1）一块多纤维贴衬织物，符合 GB/T 7568.7—2002 的标准要求。

（2）两块单纤维贴衬织物，符合 GB/T 7568.1—2002 ~ GB/T 7568.6—2002，GB/T 13765—1992 的标准要求。

第一块贴衬织物应由试样的同类纤维制成，第二块贴衬由表4-13规定的纤维制成。如试样为混纺或交织，则第一块贴衬织物由主要含量的纤维制成，第二块贴衬由次要含量的纤维制成，或另作规定。

表 4-13　单纤维贴衬织物

第一块	第二块
棉	羊毛
羊毛	棉
丝	棉
麻	羊毛
黏胶纤维	羊毛
聚酰胺纤维	羊毛或棉
聚酯纤维	羊毛或棉
聚丙烯腈纤维	羊毛或棉

3. 试样准备

（1）对于织物，按以下方法之一制备组合试样。

①取（40±2）mm×（100±2）mm 试样一块，正面与一块（40±2）mm×（100±2）mm 多纤维贴衬织物相接触，沿一短边缝合。

②取（40±2）mm×（100±2）mm 试样一块，夹于两块（40±2）mm×（100±2）mm 单纤维贴衬织物之间，沿一短边缝合。对印花织物实验时，正面与两贴衬织物每块的一半相接触，剪下其余一半，交叉覆于背面，缝合两短边。如一块试样不能包含全部颜色，需取多个组合试样以包含全部颜色。

（2）对于纱线或散纤维，取纱线或散纤维的质量约等于贴衬织物总质量的一半，并按下述方法之一制备组合试样。

①夹于一块（40±2）mm×（100±2）mm 多纤维贴衬织物及一块（40±2）mm×（100±2）mm 染不上色的织物（如聚丙烯纤维织物）之间，沿四边缝合。

②夹于两块（40±2）mm×（100±2）mm 单纤维贴衬织物之间，沿四边缝合。

五、实验方法与操作步骤

（1）将一块组合试样平放在平底容器内，注入 pH 为 8.0±0.2 的碱性溶液使之完全润湿，浴比 50∶1，在室温下放置 30min，不时搅压和拨动，以保证试液充分且均匀地渗透到试样中。

（2）取出试样，用两根玻璃棒夹去组合试样上过多的试液，然后将组合试样放在两块玻璃板或丙烯酸树脂板之间，然后放入已预热到实验温度的实验装置中，使试样受压（12.5±0.9）kPa。

（3）采用相同的程序将另一组合试样置于 pH 为 5.5±0.2 的酸性试液中浸湿，放入另一个已预热的实验装置中。

（4）把带有组合试样的实验装置放入烘箱内，在（37±2）℃下保持 4h。

（5）取出组合试样，展开组合试样，使试样和贴衬织物间仅由一条缝线连接，悬挂在不超过 60℃的空气中干燥。

六、实验结果
用灰色样卡评定每块试样的变色级数和贴衬织物的沾色级数。

第十九节　纺织服装用织物耐洗色牢度测试

一、实验目的
通过实验，掌握纺织品耐洗色牢度的测试方法和评价方法，熟练使用耐洗色牢度仪。

二、仪器用具与试样
仪器用具：SW12D 型耐洗色牢度仪、不锈钢珠、评级灰卡（参照 GB/T 250—2008 和 GB/T 251—2008 的标准要求）、标准贴衬织物、电子天平、直尺、剪刀、标准肥皂、无水碳酸钠、三级水。

试样：不同种类机织物。

三、实验原理
纺织品试样与一块或两块规定的标准贴衬织物缝合在一起，置于皂液或肥皂和无水碳酸钠混合的混合液中，在规定时间和温度条件下进行机械搅动，再经清洗和干燥。以原样为参照样，用灰色样卡或仪器评定试样变色和贴衬织物沾色。

本实验参照 GB/T 3921—2008《纺织品　色牢度试验耐皂洗色牢度》。

四、实验材料
1. 标准肥皂
以干重计，所含水分不超过 5%，并符合下列要求：

游离碱（以 Na_2CO_3 计）≤0.3%

游离碱（以 NaOH 计）≤0.1%

总脂肪物≥850g/kg

制备肥皂混合脂肪酸冻点≤30℃

碘值≤50

肥皂不应含荧光增白剂

2. 贴衬织物
（1）一块多纤维贴衬织物，根据实验温度选用：含羊毛和醋纤混合的多纤维贴衬织物用于温度为 40℃和温度为 50℃的实验，某些情况下也可用于温度为 60℃的实验；不含羊毛和醋纤的多纤维贴衬织物用于某些温度为 60℃的实验和所有温度为 95℃的实验。

（2）两块单纤维贴衬织物，第一块贴衬织物应由试样的同类纤维制成，第二块贴衬织物由表 4-14 规定的纤维制成。若试样为混纺织物或交织织物，则第一块贴衬织物由主要含量的纤维制成，第二块贴衬织物由次要含量的纤维制成，或另作规定。

表 4-14　单纤维贴衬织物

第一块	第二块	
	40℃和50℃的实验	60℃和95℃的实验
棉	羊毛	黏纤
羊毛	棉	—
丝	棉	—
麻	羊毛	黏纤
黏纤	羊毛	棉
醋纤	黏纤	黏纤
聚酰胺	羊毛或棉	棉
聚酯	羊毛或棉	棉
聚丙烯腈	羊毛或棉	棉

3. 试样准备

（1）对于织物，按以下方法之一制备组合试样。

①取（40±2）mm×（100±2）mm 试样一块，正面与一块（40±2）mm×（100±2）mm 多纤维贴衬织物相接触，沿一短边缝合。

②取（40±2）mm×（100±2）mm 试样一块，夹于两块（40±2）mm×（100±2）mm 单纤维贴衬织物之间，沿一短边缝合。对印花织物实验时，正面与两贴衬织物每块的一半相接触，剪下其余一半，交叉覆于背面，缝合两短边。如一块试样不能包含全部颜色，需取多个组合试样以包含全部颜色。

（2）对于纱线或散纤维，取纱线或散纤维的质量约等于贴衬织物总质量的一半，并按下述方法之一组合试样。

①夹于一块（40±2）mm×（100±2）mm 多纤维贴衬织物及一块（40±2）mm×（100±2）mm 染不上色的织物（如聚丙烯纤维织物）之间，沿四边缝合。

②夹于两块（40±2）mm×（100±2）mm 单纤维贴衬织物之间，沿四边缝合。

五、实验方法与操作步骤

（1）在国家标准中耐洗色牢度从温和到剧烈的洗涤操作过程共五种方法，如表 4-15 所示。一般情况下，若纺织品成分为蚕丝、黏胶纤维、羊毛、锦纶，采用方法 A；若织物成分为棉、涤纶、腈纶，采用方法 C。在具体执行时，可根据产品要求选择其中合适的方法进行实验。

表 4-15　实验条件

实验方法	温度（℃）	时间（min）	不锈钢球数量（粒）	无水碳酸钠（g/L）
A	40	30	0	0
B	50	45	0	0

实验方法	温度（℃）	时间（min）	不锈钢球数量（粒）	无水碳酸钠（g/L）
C	60	30	0	2
D	95	30	10	2
E	95	240	10	2

（2）接通仪器电源，通过"选位"键对选定的时间和温度进行设置。

（3）在工作室内加注蒸馏水至规定水位时，盖上门盖，按"加热"键及"旋转"键，工作室的蒸馏水开始升温。

（4）配制皂液，用搅拌器将肥皂充分地分散溶解在温度为（25±5）℃的三级水中，搅拌（10±1）min。选择 A 和 B 方法的皂液，每升水中含5g肥皂，选择方法 C、方法 D 和方法 E 的皂液，每升水中含5g肥皂和2g无水碳酸钠。

（5）将皂液在水浴锅内预热到规定温度。

（6）当机内水浴温度达到规定温度时，按"旋转"键停止旋转，打开门盖，将组合试样和规定数量的不锈钢珠放在试样杯中，注入预热好的皂液，浴比为50：1，盖好试样杯盖，逐一将试样杯插入旋转架，旋转45°，将试样杯安装在旋转架上按"旋转"键，旋转架开始工作，并开始计时。

（7）当讯响器发生断续报警时，表示已达到规定时间。按两次"加热"，停止报警。旋转器停止运转，打开门盖，取下试样杯，将组合试样取出，用三级水清洗两次，然后在流动水中冲洗干净挤去过量的水分。

（8）展开组合试样，使试样与贴衬织物仅由一条缝线连接，再将其悬挂在不超过60℃的空气中干燥。

六、实验结果

根据试样的变色和白色贴衬织物的沾色情况，对比原始试样，用灰色样卡评定试样的耐洗色牢度等级。

第二十节　纺织服装用织物耐摩擦色牢度测试

一、实验目的

通过实验，掌握纺织品耐摩擦色牢度的测试方法和评价方法，熟练使用耐摩擦色牢度仪。

二、仪器用具与试样

仪器用具：M238BB 型电子摩擦色牢度测试仪，评定沾色用灰卡（参照 GB/T 251—2008 的标准要求），摩擦用棉布（GB/T 7568.2—2002），耐水细砂纸或不锈钢丝直径为 1mm、网孔宽约为 20mm 的金属网，蒸馏水。

试样：不同种类染色机织物。

三、实验原理

将纺织试样分别与一块干摩擦布和一块湿摩擦布摩擦，用灰色样卡评定摩擦布沾色程度。本实验参照 GB/T 3920—2008《纺织品　色牢度试验耐摩擦色牢度》。

四、实验方法与操作步骤

（1）所选试样是各种染色机织物，需准备两组尺寸不小于 50mm×140mm 的试样，分别用于干摩擦实验和湿摩擦实验。每组各两块试样，其中一块试样的长度方向平行于经纱，另一块试样的长度方向平行于纬纱。当测试有多种颜色的纺织品时，宜注意取样的位置使所有颜色均被摩擦到，如果颜色的面积足够大，可制备多个试样，对单个颜色分别评定。

试样需在 GB/T 6529—2008 规定的标准大气下调湿至少 4h，对于棉或羊毛等织物可能需要更长的时间。

（2）摩擦用棉布剪成（50±2）mm×（50±2）mm 的正方形，在 GB/T 6529—2008 规定的标准大气下调湿至少 4h。

（3）将试样平放在仪器底板的砂纸上（砂纸用来减少试样在摩擦过程中的移动），并用滑铁板固定，使试样的长度方向与仪器的动程方向一致，保证试样平坦、无褶皱。

（4）干摩擦实验是将调湿后的摩擦布平放在摩擦头上，用铁夹子固定，使摩擦布的经向与摩擦头的运行方向一致。运行速度为每秒 1 个往复摩擦循环，共摩擦十个循环。取下摩擦布，调湿并去除摩擦布上可能影响评级的任何多余纤维。

（5）湿摩擦实验是称量调湿后的摩擦布，将其完全浸入蒸馏水中，重新称量摩擦布并确保摩擦布的含水率达到 95%~100%。然后按照干摩擦实验的步骤进行操作，摩擦布需晾干后评级。

五、实验结果

评定时，在每个被评摩擦布的背面放置三层摩擦布，在适宜的光源下，比对评定用沾色灰卡来评定摩擦布的沾色等级，根据试样数量结果按表 4-16 列出。

表 4-16　试样沾色牢度

试样	经向		纬向	
	干摩沾色牢度	湿摩沾色牢度	干摩沾色牢度	湿摩沾色牢度
1				
2				

第二十一节　纺织服装用织物耐光色牢度测试

一、实验目的

通过实验，掌握纺织品耐光色牢度的测试方法和评价方法，熟练使用耐日晒色牢度仪。

二、仪器用具与试样

仪器用具：Q-SUN Xe-2-HS 型旋转式日晒牢度仪，蓝色羊毛标样。

试样：不同种类染色机织物。

三、仪器结构原理

纺织品试样与一组蓝色羊毛标样一起在人造光源下按照规定条件曝晒，然后将试样与蓝色羊毛标样进行变色对比，评定色牢度。

对于白色（漂白或荧光增白）纺织品，是将试样的白度变化与蓝色羊毛标样进行对比，评定其色牢度。

本实验参照 GB/T 8427—2008《纺织品 色牢度试验耐人造光色牢度：氙弧》。

Q-SUN Xe-2-HS 旋转日晒牢度仪主要包含转动系统、氙灯系统、温度系统、湿度系统和控制操作系统。氙灯系统包含 1800W 的风冷式氙灯灯管、紫外过滤器、灯管的冷却系统、辐照强度传感器和辐照强度控制系统。温度系统包含黑板温度计、空气温度计、实验室温度计和温度控制系统。湿度系统包含增湿器、湿度传感器、湿度控制系统。控制操作系统检测和控制所有的测试过程。

四、实验方法与操作步骤

1. 试样准备

在空冷式设备中，在同一块试样上进行逐段分期曝晒，通常使用的试样面积不小于45mm×10mm，每一期的曝晒和未曝晒面积不应小于 10mm×8mm。将织物紧附于白色卡片上，为了便于操作，可将一块或几块试样和相同尺寸的蓝色羊毛标样进行排列并置于一块或多块硬卡上，如图 4-28 所示。

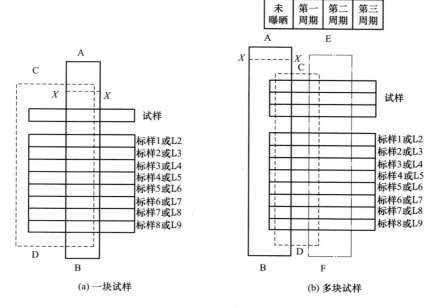

图 4-28 试样安装图

2. 曝晒条件的选择

曝晒条件分为欧洲曝晒条件和美国曝晒条件，欧洲曝晒条件见表4-17，欧洲曝晒条件使用规定的蓝色羊毛标样1~8，为了检验试样在曝晒期间对不同湿度的敏感性，可使用极限条件。

表 4-17　欧洲曝晒条件

项目	欧洲曝晒条件		
	通常条件	极限条件1	极限条件2
湿度控制标样（级）	5	6~7	3
最高黑标温度（℃）	50	65	45
有效湿度	中等	低	高

美国条件使用规定的蓝色羊毛标样L2~L9，黑板温度（63±1）℃（黑板温度计测量的温度比黑标温度计低5℃），相对湿度30%±5%，低有效湿度，湿度控制标样的色牢度为6~7级。

3. 曝晒方法的选择

在预定条件下，对试样（或一组试样）和蓝色羊毛标样同时进行曝晒。其方法和时间要以能否对照蓝色羊毛标样完全评出每块试样的色牢度为准。

（1）方法一。本方法被认为是最精确的，在评级有争议时应予采用。其基本特点是通过检查试样来控制曝晒周期。

将试样和蓝色羊毛标样按图4-28（a）所示排列，将遮盖物AB放在试样和蓝色羊毛标样的中段1/3处，按规定条件曝晒，不时提起遮盖物AB，检查试样的光照效果，直至试样的曝晒和未曝晒部分间的色差达到灰色样卡4级。如果试样是白色纺织品即可终止曝晒。用另一个遮盖物CD遮盖试样和蓝色羊毛标样的左侧1/3处，继续曝晒，直至试样的曝晒和未曝晒部分的色差等于灰色样卡3级。

如果蓝色羊毛标样7或L7的褪色程度比试样先达到灰色样卡4级，此时曝晒即可终止。这是因为如当试样具有等于或高于7级或L7级耐光色牢度时，则需要很长的时间曝晒才能达到灰色样卡3级的色差。再者，当耐光色牢度为8级或L9级时，这样的色差就不可能测得。所以，当蓝色羊毛标样7或L7以上产生的色差等于灰色样卡4级时，即可在蓝色羊毛标样7~8或蓝色羊毛标样L7~L8的范围内进行评级。

（2）方法二。本方法适用于大量试样同时测试。其特点是通过检查蓝色羊毛标样来控制曝晒周期，只需用一套蓝色羊毛标样对一批具有不同耐光色牢度的试样实验，从而节省蓝色羊毛标样的用料。

试样和蓝色羊毛标样按图4-28（b）所示排列。用遮盖物AB遮盖试样和蓝色羊毛标样总长的1/5~1/4之间，按规定条件曝晒。不时提起遮盖物检查蓝色羊毛标样的光照效果。但能观察出蓝色羊毛标样2的变色达到灰色样卡3级或L2的变色等于灰色样卡4级，并对照蓝色羊毛标样1、2、3或L2上所呈现的变色情况，对试样的耐光色牢度进行初评。

将遮盖物AB重新准确地放在原来的位置上，继续曝晒，直至蓝色羊毛标样4或L3的变色与灰色样卡4级相同。这时再按照图4-28（b）所示位置，放上另一遮盖物CD，重叠盖在第一个遮盖物 AB 上。继续曝晒，直到蓝色羊毛标样 6 或 L4 的变色等于灰色样卡 4 级，然后按照图 4-28（b）所示位置放上最后一个遮盖物 EF，其他遮盖物仍保留远处。继续曝晒，直到出现下列任一种情况：

①在蓝色羊毛标样 7 或 L7 上产生的色差等于灰色样卡 4 级；

②在最耐光的试样上产生的色差等于灰色样卡 3 级；

③白色纺织品在最耐光的试样上产生的色差等于灰色样卡 4 级。

（3）方法三。本方法适用于核对与某种性能规格是否一致，允许试样只与两块蓝色羊毛标样一起曝晒，一块按规定为最低允许牢度的蓝色羊毛标样和另一块更低的蓝色羊毛标样。连续曝晒，直到在最低允许牢度的蓝色羊毛标样的分段面上等于灰色样卡 4 级（第一阶段）和 3 级（第二阶段）的色差。白色纺织品晒至最低允许牢度的蓝色羊毛标样分段面上等于灰色样卡 4 级。

（4）方法四。本方法适用于检验是否符合某一商定的参比样，是将试样只与指定的参比样一起连续曝晒，直到参比样上等于灰色样卡 4 级和（或）3 级的色差。白色纺织品晒至参比样等于灰色样卡 4 级。

（5）方法五。本方法适用于核对是否符合认可的辐照能值，可单独将试样曝晒，或与蓝色羊毛标样一起曝晒，直至达到规定辐照量为止，然后和蓝色羊毛标样一同取出。

4. 仪器操作

（1）将装好的样品架放于测试室中，关上测试门。打开仪器电源、进水阀和纯水机。

（2）进入 "PROGRAM" 编辑程序，点击 "P1 SET TEST DURATION " 键，设定测试运行总时间或者总能量点击 "ENTER" 键保存。

（3）点击进入 "P2 SELECT CYCLE/STEP TO RUN" 界面，选择一种标准进行测试。

（4）点击 "START" 键开始测试，对试样和蓝色羊毛同时开始曝晒。每次取出测试样品观察时需等待 5~15min 机器自行冷却。

五、实验结果的评定

1. 方法一和方法二的评定

在试样的曝晒和未曝晒部分之间的色差达到灰色样卡 3 级的基础上，做出耐光色牢度的最后评定。白色纺织品达到灰色样卡 4 级。

将所有的遮盖物移开，试样和蓝色羊毛标样露出实验后的两个或三个分段面，其中有的已经曝晒过多次，连同至少一处未受到曝晒的，在规定的照明下比较试样和蓝色羊毛标样的相应变色。

试样的耐光色牢度即为显示相似变色的蓝色羊毛标样的号数。如果试样所显示的变色更近于两个相邻蓝色羊毛标样的中间级数，而不是近于两个相邻蓝色羊毛标样中的一个，则应给予一个中间级数，如 3-4 级或 L2-L3 级。

如果不同阶段的色差上得出了不同的评定，则可取其算数平均值作为试样耐光色牢度，以最接近的半级或整级来表示。当级数的算数平均值是 1/4 或 3/4 时，则评定应取其邻近的高半级或一级。

为了避免由于光致变色性导致耐光色牢度发生错评，应在评定耐光色牢度前，将试样放在暗处，在室温下保持 24h。

如果试样颜色比蓝色羊毛标样 1 或 L2 更易褪色，则评为 1 级或 L2 级。

如果耐光色牢度等于或高于 4 级或 L3 级，方法二的初评就显得很重要。如果初评为 3 级或 L2 级，则应把它置于括号内，例如评级为 6（3）级，表示在实验中蓝色羊毛标样 3 刚开始褪色时，试样也有很轻微的变色，但再继续曝晒，它的耐光色牢度与蓝色羊毛标样 6 相同。

如果试样具有光致变色性，则耐光色牢度级数后应加一个括号，其内写上一个 P 字和光致变色实验的级数，如 6（P3-4）级。

2. 方法三和方法四的评定

试样与规定的蓝色羊毛标样或一个符合商定的参比样一起曝晒，然后对试样和参比样及蓝色羊毛标样的变色进行比较和评级。如试样的变色不大于规定蓝色羊毛标样或参比样，则耐光色牢度定为"符合"；如果试样的变色大于规定蓝色羊毛标样或参比样，则耐光色牢度定为"不符合"。

3. 方法五的评定

用灰色样卡对比或蓝色羊毛标样对比。

第二十二节　纺织服装用织物风格测试

织物风格表示织物的品质，包括强伸性，柔软性等，广义的织物风格是指人通过感官对织物的综合评价，狭义的织物风格是单一感觉器官对织物的认识。目前常用的测试织物风格的仪器有日本川端等研发的 KES 系统和澳大利亚的 FAST 系统。FAST 织物风格仪是澳大利亚工业和科学院研制的一套织物特性测试系统，用来测定织物特性对裁剪缝制性能及成衣外观的影响。

一、实验目的

掌握织物的风格测试，包括织物的压缩性能、弯曲性能、拉伸性能、织物尺寸稳定性。掌握 FAST 织物风格仪的原理和操作。

二、仪器用具与试样

仪器用具：FAST 织物风格仪、剪刀。

试样：面料。

三、仪器结构原理

FAST 织物风格仪包括了 FAST-1 压缩弹性仪、FAST-2 弯曲性能仪、FAST-3 拉伸性能仪及 FAST-4 织物尺寸稳定试验仪，如图 4-29 所示，可分别测定出织物的厚度、剪切刚性、弯曲刚性、伸长率、织物松弛收缩和湿膨胀率等 12 个物理力学特性指标，通过计算机绘制面料性能以评判织物的裁剪缝纫加工性能及服装的成形性。

FAST-1压缩弹性仪

FAST-2弯曲性能仪

FAST-3拉伸性能仪

FAST-4织物尺寸稳定试验仪

图4-29　FAST织物风格仪

四、实验方法

1. 试样准备

按规定的方法要求进行面料取样，并根据 GB/T 6529—2008《纺织品调湿和试验用标准大气》规定的要求进行预调湿和调湿。

2. 实验步骤

（1）FAST-1 压缩弹性仪实验。

①剪取 15cm×15cm 试样三块，在织物试样上分别加上压缩轻负荷 $2cN/cm^2$ 和重负荷 $100cN/cm^2$，获得相应的织物厚度，计算出织物的表观厚度。

②逆时针旋转圆环，确保显示读数在 0.000~0.005 之间。将试样平放后逆时针旋转圆环直至不动，显示厚度 T_2。然后顺时针旋转圆环，至转不动为止，显示厚度 S_T。

③织物经过气蒸 30s 后或者在水中（水温 20℃，时间 30min）处理后，测量轻负荷和重负荷下的厚度，可计算松弛厚度 T_{2R} 和表观厚度 T_{100R}。

（2）FAST-2 弯曲性能仪实验。

①将条状试样平放在仪器的测量平台上，然后缓慢向前推移，使试样一端逐渐脱离平面支托呈悬臂状。受试样本身重力作用，试样前沿与水平面之间呈 41.5°时，隔断光路，此时试样伸出支托面的长度即为弯曲长度，据此可计算出弯曲刚度。

②试样裁剪成 50mm×200mm，经纬向各五块，平放在仪器上，试样前端不能超过方形孔，再将压板压住试样，使试样前端超出压板 10mm。

③按下"START"键，慢慢推动压板和试样，至红灯亮，显示弯曲长度，每个试样测试

两次。

（3）FAST-3 拉伸性能仪实验。

①试样上端固定，下端分别加上 5cN/cm、20cN/cm、100cN/cm 的负荷，测其织物定负荷伸长率。

②平衡臂上放三个砝码进行校准，显示读数在 0.000~0.001 之间。

③将试样裁剪成 50mm×300mm，经纬向各五块，由上、下夹持器夹紧试样，并保持试样垂直，显示读数。

④移走第一个砝码，顺时针旋转旋钮，延伸性 E_5 显示读数，逆时针旋转旋钮，锁好杠杆。然后同样操作移走第二只砝码和第三个砝码，显示 E_{20} 和 E_{100}。

（4）FAST-4 织物尺寸稳定试验仪实验。

①测量织物浸水前、后及干燥时的尺寸，计算出反映织物尺寸稳定性的松弛收缩率和湿膨胀率指标。

②裁取 300mm×300mm 的织物试样一块，用 FAST-4 提供的模板在试样的经向、纬向各取三对相距 250mm 的参考点。

③将试样置于 105℃ 的烘箱中，烘 1~1.5h 取出至回潮率为 0，测出各对参考点间距离 L_1，然后在 25~35℃ 水中放入 0.1% 的负离子吸湿药剂，将试样在其中浸泡 30min 后取出吸干水分后，测出各对参考点间距离 L_2。再次将试样置于 105℃ 的烘箱中，烘 1~1.5h 取出，测出各对参考点间距离 L_3。

五、实验结果

计算指标如表 4-18 所示。

表 4-18　FAST 系统可测技术指标

项目	指标	公式、代号	测试条件	备注
FAST-1	厚度（mm）	T_2	2cN/cm²	
		T_{100}	100cN/cm²	
	表观厚度（mm）	$S_T = T_2 - T_{100}$		计算
	松弛厚度（mm）	T_{2R}，T_{100R}	2cN/cm²，100cN/cm²	汽蒸后
	表观厚度（mm）	$S_{TR} = T_{2R} - T_{100R}$		汽蒸后
FAST-2	弯曲长度（mm）	C		经纬向
	弯曲刚度（μN·m）	$B = W \times C^3 \times 9.81 \times 10^6$		计算 W 为面密度（g/m²）
FAST-3	伸长率（%）	E_5	5cN/cm	经纬向
		E_{20}	20cN/cm	经纬向
		E_{100}	100cN/cm	经纬向
	斜向拉伸（%）	EB_5	5cN/cm	右斜和左斜
	剪切刚度（N/m）	$G = 123/EB_5$		计算
FAST-2&3	成形性（mm²）	$F = (E_{20} - E_5) \times B/14.7$		计算

项目	指标	公式、代号	测试条件	备注
FAST-4	原始干燥长度（mm）	L_1		经纬向
	湿长度（mm）	L_2		经纬向
	最后干燥长度（mm）	L_3		经纬向
	松弛收缩率（%）	$RS=[(L_1-L_3)/L_1]\times100$		经纬向
	吸湿膨胀率（%）	$HE=[(L_2-L_3)/L_3]\times100$		经纬向

参考文献

［1］姚穆.纺织材料学［M].北京：中国纺织出版社，2017.

［2］张海泉，张鸣，奚柏君.纺织材料学［M].北京：中国纺织出版社，2013.

［3］姜怀.纺织材料学［M].北京：中国纺织出版社，2009.

［4］陈东生，吕佳.服装材料学［M].上海：东华大学出版社，2016.

［5］吴微微.服装材料学［M].北京：中国纺织出版社，2009.

［6］朱松文.服装材料学［M].北京：中国纺织出版社，2001.

［7］何志贵，石红，吴淑良.纺织材料标准手册［M].北京：中国标准出版社，2009.

［8］付成彦.纺织品检测实用手册［M].北京：中国标准出版社，2008.

［9］李汝勤，宋钧才，黄新林.纤维和纺织品测试技术［M].上海：东华大学出版社，2015.

［10］瞿才新.纺织检测技术［M].北京：中国纺织出版社，2011.

［11］严瑛，高亚宁.纺织材料检测实训教程［M].上海：东华大学出版社，2012.

［12］王明葵.纺织品检验实用教程［M].厦门：厦门大学出版社，2011.

［13］张海霞，宗亚宁.纺织材料学实验［M].上海：东华大学出版社，2015.

［14］蒋耀兴.纺织品检验学［M].北京：中国纺织出版社，2008.

［15］霍红，姜华珺，陈化飞.纺织品检验学［M].北京：化学工业出版社，2006.

［16］S. Omeroglu1, E. Karaca and B. Becerir. Comparison of Bending, Drapability and Crease Recovery Behaviors of Woven Fabrics Produced from Polyester Fibers Having Different Cross-sectional Shapes ［J］. Textile Research Journal Article. 80（12）：1180 – 1190.